上海商业发展研究院
尚商研究系列丛书

贤达致远

中国院士的
空间流动与科研合作

The Spatial Flow and Scientific Cooperation
of Chinese Academicians

史文天 著

上海科学技术文献出版社
Shanghai Scientific and Technological Literature Press

图书在版编目（CIP）数据

贤达致远：中国院士的空间流动与科研合作／史文天著．—上海：上海科学技术文献出版社，2024
ISBN 978-7-5439-9006-7

Ⅰ．①贤⋯　Ⅱ．①史⋯　Ⅲ．①科学研究事业—院士—劳动力流动—技术交流—科学技术合作—研究—中国　Ⅳ．①G321.5

中国国家版本馆CIP数据核字（2024）第048451号

责任编辑：李　莺　刘蔓仪
封面设计：张琳洁

贤达致远：中国院士的空间流动与科研合作
XIANDAZHIYUAN: ZHONGGUO YUANSHI DE KONGJIAN LIUDONG YU KEYAN HEZUO
史文天　著
出版发行：上海科学技术文献出版社
地　　址：上海市长乐路746号
邮政编码：200040
经　　销：全国新华书店
印　　刷：商务印书馆上海印刷有限公司
开　　本：720mm×1000mm　1/16
印　　张：11
字　　数：155 000
版　　次：2024年4月第1版　2024年4月第1次印刷
书　　号：ISBN 978-7-5439-9006-7
定　　价：88.00元

http://www.sstlp.com

Preface 序

在经济全球化和区域经济一体化的知识经济时代,国家及区域间综合实力的竞争日益激烈。全球化背景下科技与经济的竞争归根到底是人才尤其是关键人才的竞争。人才作为稀缺性战略资源,各国家、各区域都通过制定相应的人才政策,培养和吸引世界一流优秀人才,从而在激烈的竞争中占据优势地位。区域人才竞争的利害关系日益突出,以争夺国际一流科技人才为焦点的一场世界性的人才争夺战悄然打响。在错综复杂的国际背景下,培养和造就一批自己的顶尖科技创新人才,对提高我国科技创新能力,实施人才强国、科教兴国和可持续发展战略,推动我国科技进步和国家发展,实现中华民族的伟大复兴具有重要意义。

院士是国家在科学技术领域设立的最高学术称号之一,代表着国家最高科学技术水平。中国科学院自1949年成立以来,院士群体便为我国现代科学技术事业的开创以及新中国科技事业的奠基做出了卓越贡献。如今,两院院士作为我国科技人才的杰出代表,依然是我国取得重大科技成果的中坚力量和关键人物,推动着我国科技事业的进步和国民经济的发展。

本书以两院院士为典型研究对象,采取空间分析、复杂网络分析和空间计量分析等方法,系统地揭示了中国院士的空间分布格局、空间流动特征及其知识流动效应。本书研究角度颇为新颖,研究内容扎实饱满。研究扩展并丰富了人才地理学和创新地理学等相关学科的研究领域,具有突出的理论意义。中国院士的空间分布情况、空间迁移规律和区域间的活动,对有效开发人才空间,提高区域科技人才开发的效率,又具有很强的现实意义。

目 录

序 — 1

第一章 绪论 — 1

第一节 研究背景 — 1
一、现实背景 — 1

二、理论背景 — 4

第二节 问题提出与研究意义 — 5
一、问题提出 — 5

二、研究意义 — 8

第三节 研究目标、思路与内容 — 11
一、研究目标 — 11

二、研究思路 — 12

三、研究内容 — 13

第四节 研究方法与主要数据 — 16
一、研究方法 — 16

二、研究样本 — 17

三、主要数据 — 20

第二章 国内外人才研究进展 — 23

第一节 人才研究的图谱分析 — 23

一、国内人才研究的基本情况 — 24

二、国外人才研究的基本情况 — 28

第二节 人才研究的定性总结 — 34

一、人才空间分布的相关研究 — 34

二、人才科研合作的相关研究 — 41

三、人才流动与知识流动相互作用的研究 — 44

第三节 国内外研究评述 — 48

第三章 概念辨析与理论基础 — 53

第一节 核心概念辨析 — 53

一、人才 — 53

二、科技人才 — 54

三、科学家 — 55

第二节 相关理论基础 — 56

一、人才成长的相关理论 — 56

二、人才流动的相关理论 — 57

三、知识流动的相关理论 — 65

四、复杂网络理论 — 66

五、空间结构理论 — 69

第三节 已有理论的适用性分析 — 70

第四章 中国院士的空间分布及其影响因素 — 73

第一节 研究数据与研究方法 — 74

一、数据来源及指标选取 — 74

二、研究方法 — 76

第二节　中国院士不同成长阶段的空间分布特征 — 77

一、中国院士出生地集中于东部沿海及长江流域 — 77

二、本科毕业地与国内高等教育资源地高度耦合 — 78

三、最高学位获得地集中于高水平教育资源城市 — 78

四、中国院士工作地集中于国内经济发达的城市 — 79

第三节　不同历史时期中国院士的空间分布特征 — 81

一、出生地——从东部沿海向中西部内陆地区扩散 — 81

二、本科学习地——省会外的其他地级市逐渐显现 — 82

三、最高学位获得地——从海外城市转向国内城市 — 84

四、主要工作地——从北京、上海向其他城市扩散 — 87

第四节　中国院士空间分布的影响因素 — 89

一、出生地空间分布的影响因素 — 89

二、本科毕业地空间分布的影响因素 — 91

三、最高学位获得地空间分布的影响因素 — 93

四、工作地空间分布的影响因素 — 95

第五节　本章小结 — 98

第五章　中国院士的空间流动及其驱动机制 — 101

第一节　研究数据与研究方法 — 103

一、数据来源 — 103

二、网络构建 — 103

三、测度模型 — 105

第二节　中国院士空间流动网络特征 — 108

一、网络节点特征 — 109

二、等级层次结构 — 111

三、节点角色识别 — 114

第三节　中国院士流动网络的驱动机制 — 115

第四节　本章小结 — 118

第六章　中国院士的科研合作及其邻近性机理 — 121

第一节　研究数据与研究方法 — 123

一、数据来源 — 123

二、测度模型 — 123

第二节　中国院士科研合作网络的拓扑结构 — 128

一、网络整体特征 — 128

二、等级层次结构 — 129

第三节　中国院士科研合作网络的空间分异 — 132

一、度中心性 — 132

二、加权度中心性 — 133

三、介数中心性 — 133

第四节　中国院士科研合作的邻近性机理 — 133

第五节　本章小结 — 137

第七章　中国院士流动与科研合作的空间关系 — 139

第一节　研究数据与研究方法 — 141

一、数据来源 — 141

二、研究方法 — 142

第二节　两个网络节点具有耦合性 — 143

一、中国院士流动网络与科研合作网络的空间热点高度耦合 — 143

二、中国院士流动和科研合作网络节点均具有幂律分布规律 — 143

第三节　网络双边关联具有耦合性 — 145

一、中国院士的空间流动和科研合作集中在东部地区 — 145

二、中国院士的流动和科研合作网络均呈现菱形结构 — 146

三、中国院士的流动和科研合作网络的网络体系一致 — 146

四、两个网络双边关系具有幂律分布规律呈"金字塔"结构 — 148

第四节 院士流动产生的知识流动效应 — 149

一、溢出效应 — 150

二、创造效应 — 151

三、回流效应 — 151

四、随从效应 — 152

第五节 本章小结 — 152

第八章 研究结论与展望 — 155

第一节 主要研究结论 — 155

一、中国院士主要分布在东部沿海地区 — 155

二、中国院士流动空间异质性特征显著 — 156

三、中国院士科研合作有空间非均衡性 — 157

四、人才流动促进区域之间的知识流动 — 157

第二节 可能的创新之处 — 158

一、理论层面 — 159

二、实证层面 — 160

第三节 政策启示 — 162

一、制定科学的科技人才布局战略 — 162

二、促进科技人才的跨区科研合作 — 163

三、把握规律,促进青年学者的成长 — 163

第四节 研究不足及展望 — 164

一、科技人才的研究样本可进一步扩大 — 164

二、科学家科研合作刻画方式可多样化 — 164

三、科学家流动空间效应待进一步验证 — 165

第一章 绪论

Chapter 01

第一节 研究背景

一、现实背景

1. 世界各国综合国力的竞争加剧了科技人才的争夺

进入 21 世纪,伴随着全球经济一体化进程的加剧,人才流动在全球范围内的规模和频次急剧上升,几乎所有国家都意识到人才在国际竞争中的利害关系,一场空前的人才争夺战悄然打响。当今世界经济向知识经济转变,人才资源作为经济社会发展第一资源的特征和作用尤为突出,已经成为评价国家综合国力的核心指标。谁能培育和吸引更多国际优秀人才,谁就能在国际竞争中占据优势。[1][2][3] 佛罗里达认为,地区经济发展水平很大程度

---

[1] BOSCHMA R A. Competitiveness of regions from an evolutionary perspective [M]. London: Routledge, 2012:17-30.
[2] 白春礼. 牢记使命 锐意创新 培养造就一流科技人才 [J]. 中国科学院院刊, 2010, 25 (03): 241-247.
[3] 杜德斌. 全球科技创新中心:动力与模式 [M]. 上海:上海人民出版社, 2015:47-77.

上取决于地区所拥有的技术和人才。① 近几年，无论是具有传统引人优势的发达国家还是快速崛起的新型经济体都立足本国实际，制定了吸引国际高层次人才的国家战略。其中，顶尖科技人才是一国科技、经济发展的决定性因素，是国际社会竞相争夺的第一资源②，争夺国际一流科技人才成了人才争夺战的焦点。

伴随着知识经济的迅猛发展和世界经济一体化进程加剧的趋势，世界各国的产业结构及人力资本机构发生了深刻变化。从事传统行业的劳动人员比例正在逐渐减少，新经济的发展急需大批专业人才，而科技人才尤其是高端科技人才越来越供不应求。以知识为基础的知识经济的关键在于人才，人才是知识的重要载体，无论是国家还是城市，谁拥有了人才，谁就能在激烈的竞争中占据优势。然而，当今世界各国都面临人才的需求和供应失衡的问题，科技事业迅猛发展使得高端科技人才短缺成了一个世界性问题，各国对人才尤其是高端科技人才的争夺愈演愈烈。如今对人才的争夺是任何历史时期都无可比拟的。面对世界性科技人才短缺危机，各国纷纷把发展科技产业，培养、吸引和利用人才作为强国之本。各国在努力培育本土人才，采取各种措施留住人才的同时，也特别重视从其他国家和地区吸引人才，人才争夺战波及全球，从地区、国家到城市等各个空间单元。在人才争夺战中，发达国家利用自身的经济优势，为科技人才提供丰厚的酬金、优质的科研环境，掌握了人才竞争的主动权，而经济相对落后的发展中国家面临着人才流失恶性循环的现状。在这一严峻形势下，发展中国家在培养、吸引人才上采取针对性的措施，积极派遣留学生去科技发达的国家进行学习的同时，也在努力吸引海外高技术人才的回流，以摆脱其在国际人才竞争中被动的地位。③

2. 我国社会主义现代化建设对科技人才的迫切需求

人才问题是关系到国家兴衰和民族兴旺的关键问题。中华民族的文明史也是

---

① FLORIDA R. The economic geography of talent [J]. Annals of the Association of American Geographers, 2002, 92(4):743 - 755.
② 尹志欣，王宏广. 顶尖科学人才现状及发展趋势研究 [J]. 科学学与科学技术管理，2017, 38 (6)：23 - 30.
③ 刘云. 全球科技人才争夺的总体格局及各国的举措 [J]. 科技导报，2002 (05)：29, 44 - 46.

一部人才史。自中华人民共和国成立以来，科技人才对科学技术事业的发展、社会经济的进步和中华民族的伟大复兴起到了关键性作用。在全球化背景下，特别是我国加入世界贸易组织以后，中国科技人才的数量和质量面临新的挑战。当前，我国科技人才队伍规模在世界上首屈一指，但创新型科技人才结构不尽合理，科研人员开展原创性科技创新活动的积极性、主动性与创造性还没有被充分激发出来。面对把我国建成一个创新型国家的历史使命，中国亟须培养和造就一批国际顶级的科技人才。当前中国虽是一个科学技术大国，但还不是一个科学技术强国，我国人才队伍结构不尽合理，高层次科技人才相对匮乏。建设创新型国家根本靠科技，基础在教育，关键是人才。党中央高度重视人才问题，把"人才强国"作为一项国家战略，创新型科技人才具有极端重要性。人才强国战略作为一项国家重大战略，其科学内涵随着时代的发展不断丰富，战略意义也愈加深刻。没有一支宏大的科技人才队伍，难以实现建设创新型国家的目标。实现中华民族的伟大复兴，中国势必需要培养、吸引、造就一大批科技人才。

3. 人才科学和地理科学对研究中国科学家的内在逻辑

20世纪70年代，人才学作为一门独立的学科，其广度和深度不断拓展，如今人才学已成为一级学科社会学下的二级学科，已形成人才学学派，其构建了自己独立的学科理论框架[①]，并且在人才学的基础上衍生出了众多交叉学科，如人才经济学、人才社会学、人才教育学、人才管理学、人才哲学等。相比人才学和其他学科的融合而言，人才学和地理学的交叉渗透发展迟缓，研究对象较零散，研究深度尚浅，研究成果较少。人才是人文地理学重要的研究对象，运用地理学的理论和方法去研究人才问题逐渐得到了学界的关注，但是对于人才问题的探讨涉及了空间问题，受限于人才定义不清、人才类型划分复杂等问题，对于人才空间分布的探究依然不够深入。人才地理学研究对象的特殊性使其可以探究人才空间分布的相关规律，揭示人才与地理环境之间的内在联系，理解人才区划的

---

① 叶忠海. 巩固和发展中国人才学学派的再思考［J］. 北京教育学院学报，2019，33（4）：36-39.

特殊内涵，最终服务于人才空间开发的特殊要求。可见，无论是从人才科学的发展趋势，还是从地理学角度探究人才问题的迫切需求来看，在地理学视角下研究中国科技人才是学科交叉融合的必然趋势。探究中国院士的成长规律、空间分布特征及其空间作用效应，可以丰富和完善人才地理学的理论体系。[①]

二、理论背景

1. 亟待在空间视角下透视科技人才的研究热点

纵观国内外相关科技人才的研究，发现相关文献主要集中在教育学、心理学、管理学等领域，侧重研究科技人才的个人特质、成长规律、成才因素、科学精神等，科技人才空间分布的研究相对较少。随着科学技术对经济发展的迅猛推动和全球化趋势的日益增强，学者对科技人才的研究日益深入，少数学者开始研究科技人才的地理问题。但现有研究尚未全方位揭示科技人才的空间分布特征、区域效应、空间开发原则等问题，已有研究较为薄弱，成果的深度、广度和系统性不够，科技人才的地理学基本理论和研究方法亟须完善。

2. 人才在科技创新活动中的核心作用需深入剖析

人才是科技创新的主体，是科技创新系统中最积极、最活跃的要素。科技创新作为高级的智能性活动，对人提出了更高的要求，而人才作为人类群体中较为杰出的一部分，在科技活动中发挥着核心的作用。[②]流动性是人才的主要特征之一，人才的流动最终会形成人才的集聚，科技人才的空间集聚会对区域高新产业的发展[③]、区域创新效率[④]及区域经济发展[⑤][⑥]产生积极的促进作用。对

[①] 叶忠海. 人才地理学概论 [M]. 上海：上海科技教育出版社，2000.
[②] 杜德斌. 全球科技创新中心：动力与模式 [M]. 上海：上海人民出版社，2015：47-77.
[③] 李敏，郭群群，雷育胜. 科技人才集聚与战略性新兴产业集聚的空间交互效应研究 [J]. 科技进步与对策，2019，36 (22)：67-73.
[④] 唐朝永，牛冲槐. 协同创新网络、人才集聚效应与创新绩效关系研究 [J]. 科技进步与对策，2017，34 (3)：134-139.
[⑤] 刘林，郭莉，李建波，等. 高等教育和人才集聚投入对区域经济增长的共轭驱动研究——以江苏、浙江两省为例 [J]. 经济地理，2013，33 (11)：15-20.
[⑥] 刘晔，曾经元，王若宇，等. 科研人才集聚对中国区域创新产出的影响 [J]. 经济地理，2019，39 (7)：139-147.

于科技创新活动而言,人才集聚的重要作用之一是产生知识溢出效应,科技人才掌握了特有的专业知识和专业技能,是知识传播的重要载体。人才流动和知识流动已成为当前研究的热点议题,但人才流动对知识流动的效应研究却依然较为匮乏,故亟待从多空间尺度流动视角下开展人才对科技创新活动的研究。

第二节 问题提出与研究意义

一、问题提出

基于研究背景,本研究主要围绕以下几个核心问题展开。

第一,中国院士的空间分布呈现什么特征?哪些因素影响中国院士的空间分布?揭示中国院士的空间分布规律是地理学对中国科学家研究的中心课题。人才空间分布不均衡是国内外学者的共识。人才的空间分布呈现多种形态,如面状分布、带状分布、点状分布、网状分布等。人才的面状分布表现为某些区域人才的涌现和集聚,如世界科学技术史显示,世界科技人才的地理分布中心经历过从亚洲到欧洲再到北美洲的转变。[①]中国的人才普遍分布在东部沿海地区,长江三角洲、环渤海地区、珠江三角洲地区是我国各类人才普遍的集聚区。人才的带状分布是经济带在人才分布上的空间反映,如东部沿海经济带、长江经济带的发展会促使人才地理分布呈带状。人才在个别地点集聚的极化使得人才在空间分布上呈点状,如北京、上海等一线城市人才的集中分布在空间反映的就是点状分布。当经济地域发展处于成熟阶段时,人才的空间分布极化和扩散机制并存,形成人才的网状分布,空间分布会从中心向周围扩散。总体而言,人才的空间分布具有多种类型,在不同的空间尺度上,不同类型的人才的空间分布形态也会迥然不同。本研究把视角聚焦于中国院士这一群体上,首先要揭示的就是其空间分布的现实情况,刻画出中国院士的空间分布形态。

---

① 杜德斌. 全球科技创新中心:世界趋势与中国的实践 [J]. 科学,2018,70 (6):15-18,69.

人才的地理分布受到多种因素的综合影响，人才的分布和人口的分布一样是自然地理环境和人文地理环境多种要素作用的结果，但基于人才类型的特殊化，每种要素作用的程度和结果存在较大差别。地理位置、地形地貌、气候、水文、生物、土壤等要素构成的自然环境形成一个整体，影响和制约着人类活动。无论是中国还是世界各国，地理位置优越、地形平坦、气候适宜、自然资源丰富的地区都是人口密集的区域。自然环境优越的区域是人口稠密区，同时也是人才集聚的区域，即人口稠密区和人才密集区空间分布上具有耦合性。自然环境和人才的分布具有密切的联系，自然环境为人才空间分布提供了必要的物质基础和空间场所。但是人才的空间分布不是自然环境作用的结果，人类的社会经济活动最终影响着人才的空间分布。在众多人文地理要素中，区域经济发展水平是人才空间分布的决定性因素，因为一般情况下经济水平高的区域具有强大的生产力，强大的区域生产需要众多专业人才的支撑，其提供给人才的就业机会较多。同时，生产力强的地区创造的社会价值越多，为人才提供的薪资待遇就越好。经济水平高的区域产业结构不断地发生变化或变革，区域的产业结构最终决定了区域的人才结构。区域的政策制度直接调配着人才的空间分布，是人才空间分布最直接的影响因素。国家或地区利用高等院校、工作单位的空间布局等宏观规划手段和人才教育、人才分配、人才奖励等调控手段直接影响着人才的空间布局。此外，由社会结构、风俗和习惯、信仰和价值观念、行为规范、生活方式、文化传统等因素构成的文化环境也影响着人才的空间分布。总体而言，人才的空间分布是自然环境和社会经济环境综合作用的结果。人才的空间分布及影响因素已有初步研究，那么影响中国院士空间分布的因素有哪些？这些因素和影响其他人才空间分布的因素有何异同？鉴于此，本书在揭示了中国院士空间分布特征的基础上，进一步探究中国院士空间分布的影响因素。

第二，中国院士的流动呈现什么特征？中国院士空间迁移的驱动机制是什么？这是本研究关注的主要问题之一。人才的空间位移作为一种普遍的社会现象,是现代社会劳动力分工的必然产物。现代工业的迅猛发展推动了社会内部分工,使生产越来越专业化,许多专业性人才不断涌向拥有专业技术领域的特定空间。在现实地理空间中,人才的空间集聚形态是一个动态、非线性、多要素交互作用的复杂过程,人才流动存在着多重复杂的流动现象。已有研究普遍揭示了中国人才流动的空间异质性特征,某些区域,如长江三角洲地区、环渤海地区、珠江三角洲地区是人才集聚的热点区域,北京、上海等城市更是人才迁移的主要目的地(张波,2009)。那么,中国院士流动网络具有什么特征?中国院士作为人才的特殊群体,其流动网络的整体特征和一般人才的流动网络有何异同?人才的流动是多种要素综合作用的产物,专业技术人才趋于经济水平高的地区,形成落后地区对人才的外推力和发达地区对人才的吸附力;教育水平和科技水平较高的区域在人才培养和人才就业过程中都具有强大的吸引力;国际局势的变化和国家政策的调整对人才流动具有直接的调控作用。中国院士的流动规律和驱动机制是什么?与其他类型人才流动的驱动机制有何异同?

第三,科学研究是科学家的主要研究任务之一,科学研究已经进入了合作完成的新时代。随着科学技术发展速度的加快,科研合作的重要性逐渐被接受并被重视,从国家层面到科学家个人,都特别强调科研合作。科学家通过交换和共享自己的专业知识,促进学科的融合和交叉,来拓展科学问题的广度和深度,催生高质量、创新性的科研成果。不同领域、不同专业、不同地域的科学家科研合作是提升科学家科研能力、加强地区科研成果交流、提升国家科技能力的主要手段之一。那么,中国院士科研合作网络呈现什么特征?中国院士科研合作的作用机理又是什么?本研究采用社会网络分析方法刻画中国院士科研合作网络,揭示城市尺度上中国院士科研合作的空间特征,同时引入邻近性理论来探究中国院士科研合作网络的驱动机制。

第四,中国院士的流动和科研合作的内在联系是什么?内生增长理论认为,区域内的科技人才是知识溢出的主要源泉,区域内创新能力的提升不依赖外力推动来实现，内生的技术进步是保证经济持续增长的决定性因素。新区域主义认为，在知识经济背景下，知识成了最重要的资源和生产要素。一国或地区在劳动力、土地、自然资源等有形要素上的优势不再是永恒的优势，知识及提高自身的知识潜力这一动态比较优势才是发展的关键。区域之间的知识创新、对知识的有效吸收、传播并应用最新的知识，成了区域科技能力提升的关键所在。西方经济地理学的"关系转向"表明"关系""网络"已经成为经济地理学"制度转向"理论构建的核心，其强调将空间与经济之间的相互作用作为分析的焦点。关系经济地理学从不同空间尺度的"本地传言—全球管道"模型来解释区域知识溢出与创新。关系经济地理学把科学家构成的关系网络视为动态的、演化的，将科学家在区域间的行动和相互作用产生的知识流作为分析的核心。本研究的核心科学问题是探究中国院士在成长过程中的空间迁移是否可以带来区域间的科研合作，中国院士流动网络和中国院士科研合作网络是否具有同位性关系，以及探究中国院士的空间迁移对知识流动产生的效应。

二、研究意义

1. 为我国实施科技强国、人才兴国战略提供支撑

拥有国际顶端科学家的数量成了衡量各个国家科学地位的重要尺度。[1]中国建设现代化经济体系离不开一大批一流的科技人才。科技更新换代速度日益加快，国家竞争日益激烈，只有拥有数量多、质量高的科技人才，才能实现中华民族的伟大复兴，才能使中国在激烈的国际竞争中立于不败之地。从地理学角度研究中国院士的空间分布、流动特征及其空间效应等问题具有以下几点现实意义。

首先，了解科技人才的空间分布现状，为国家制定科学的人才布局政策提供现实依据。人才的空间分布受到自然因素和社会经济要素的综合影响，科技

---

[1] ZUCKERMAN H. Scientific elite: Nobel laureates in the United States [M]. Missouri: Transaction Publishers, 1977.

第一章
绪论

人才空间分布不均，区域差异明显。人才的空间非均衡性不单表现在数量上，还表现在人才密度、能级、中心等空间差异上。摸清我国科学家的空间分布，才能统筹中国科技人才的空间布局。本文的研究对象是中国院士，主要目的之一就是揭示中国院士的空间分布特征，这为制定我国科技人才资源空间开发战略提供了现实依据，有利于我国科技人才空间开发与我国的经济社会发展、生态环境改善相协调，有利于构建科学高效的科技人才空间开发体系。国家可以通过中国院士的空间特征，统筹调整中国科技人才的空间布局，服务于社会主义现代化建设的重点区域，以及服务于西部大开发、中部崛起、东北振兴等国家重大发展战略。

其次，把握高端科技人才的成长规律，为培养科技人才提供指导，进而打造一批国际顶级的科学家。遗传决定论认为个体的遗传素质是成才的决定性因素，把人才的成长规律看作一种自然规律。环境决定论认为环境是成才的决定性因素，忽视了人才个人的社会实践和主观努力在成才过程中的作用。历史唯物主义认为个人成才规律是一种社会规律，不同历史时期、不同社会形态下具有不同的成才规律。马克思主义主张成才规律是社会规律，同时并不否认自然因素在人才成长中的作用。人才的成长具有一般的普适规律，同时针对不同人才类型，其规律具有特殊性。在不同的历史时期、不同的社会形态、不同的国家和地区，人才的成长规律有着不同的表现形态。地理学视阈中的社会人才总体运动规律，是指运用地理学基本理论和方法研究社会人才总体运动规律，包括研究人才空间位移的内在机理、人才空间分布形成规律、人才空间分布发展规律等。[①] 本研究的直接目的之一在于揭示中国院士的空间成长规律，而最终目的是利用其规律，指导后续一大批科技人才的成长，为人力资源的开发提供实践参考。

再次，发挥高级人才在科技创新中的引领作用，提升区域科技创新能

---

① 叶忠海. 人才地理学概论 [M]. 上海：上海科技教育出版社，2000.

力。创新驱动的实质是人才驱动,在科技竞争力的诸要素中,人才是最核心的要素。①中国要把培养和集聚高层次科技人才作为提升区域科技创新能力的关键。顶尖的科学家可以汇聚一大批优秀科技人才,形成人才集聚效应。国内外无数事例表明,一个或几个顶尖的创新型科技人才往往能够带动一项重大核心技术的突破乃至一个产业的兴起。科学家是科技创新的主体,是科技创新系统中最积极、最活跃的要素。本研究在探讨中国院士的空间分布和空间流动机制的同时,探究了中国院士的空间科研合作情况,研究了中国院士空间流动的知识流动效应。研究结果为国家或地区培养、集聚高层次科技创新人才提供借鉴的同时,也为发挥人才的知识溢出效应、人才培养效应、经济效应等提供了理论指导。

2. 丰富人才地理学和创新地理学等相关学科的理论研究

在"创新驱动"战略和"人才强国"战略驱使下,人才的研究得到越来越多国内学者的关注,人口学、管理学、教育学、经济学等相关学科都对人才的研究有所涉及,但地理学有其独特的研究体系和研究视角,从空间区位和空间作用关系等视角研究人才,是新时代大背景下学科发展的需要。人才地理学在地理学大系统中属于人文地理学范畴,是侧重研究人才空间差异及其形成规律的一门学科,其具体研究对象为人才。②本研究以中国院士为研究对象,目的是揭示中国院士现象的空间差异及其发展的空间规律。人才地理学研究中国院士现象有别于其他社会科学的显著特点和优势在于,它具有综合性和区域性。本研究势必会对人才地理学的方法、理论和实践指导做出有益补充。

人文地理学中另一个重要分支学科是创新地理学,其研究的主要内容是人类的创新活动。③人才是区域创新系统中的核心要素,是创新地理学中研究的重要对象。④近年来,国内外地理学者对创新活动的空间格局、驱动机制和空间效

---

① 杜德斌,段德忠,夏启繁. 中美科技竞争力比较研究 [J]. 世界地理研究,2019,28 (4):1-11.
② 张波. 国内高端人才研究:理论视角与最新进展 [J]. 科学学研究,2018,36 (8):1414-1420.
③ 吕拉昌,黄茹,廖倩. 创新地理学研究的几个理论问题 [J]. 地理科学,2016,36 (5):653-661.
④ 甄峰,徐海贤,朱传耿. 创新地理学——一门新兴的地理学分支学科 [J]. 地域研究与开发,2001,(01):9-11,18.

应进行了研究，但归根到底创新活动的主体是科技人才。本研究遵循人文地理学研究的传统思路，探究了中国院士的空间格局、形成过程、影响因素和空间效应。①在研究过程中涉及创新地理学中的人才、技术、资本、知识及信息等多种创新要素，其研究结论可以丰富创新地理学的内涵。

此外，在学科交叉融合的背景下，本研究不仅仅局限于人才地理学和创新地理学，其研究结果也会助益人文地理学的其他领域，如人口地理学、经济地理学、文化地理学、政治地理学等。

第三节 研究目标、思路与内容

一、研究目标

本文以中国科学院院士和中国工程院院士为研究样本，研究目标是揭示中国院士的空间分布特性、流动网络和科研合作网络特征，同时分析其背后的影响因素及驱动机制，最后研究中国院士流动对科研合作的空间效应。具体的研究目标如下：（1）分析中国院士群体的整体空间分布特征，分别揭示中国院士出生地、本科毕业地、最高学位获得地、初次工作地、院士获得地和当前工作地等六个成长阶段的空间分布特征。按科学家评选院士的时间划分出不同时期，比较不同历史时期中国院士的空间分布特征的异同。采用定量分析和定性总结的方法剖析中国院士空间分布的影响因素。（2）运用社会网络等分析方法刻画中国院士流动网络的拓扑结构，揭示中国院士迁移的空间特征，并分析中国院士空间迁移的驱动机制。（3）采用中国院士论文合作数据，刻画中国院士科研合作网络，结合复杂网络分析、空间统计分析和回归模型等方法探究中国院士科研合作网络的复杂性及其邻近性机理。（4）研究中国院士流动网络及科研合作网络节点和双边关系的耦合状况，探索中国院士空间流动与科研合作之

---

① 傅伯杰. 地理学综合研究的途径与方法：格局与过程耦合 [J]. 地理学报，2014，69（8）：1052-1059.

间的关系,更确切地说是探究中国院士空间上的流动是否会带来区域间知识的流动,同时归纳科学家流动对知识流动的空间效应。

二、 研究思路

本研究的核心问题是探究中国院士空间迁移和科研合作的空间特征,以及揭示二者的空间耦合关系。通过梳理科技人才的相关文献以及有关人才地理学和创新地理学等相关理论,建构本文的研究框架。采用资料查询与大数据挖掘手段构建本文的相关数据库,整合现有的空间分析、社会网络分析和计量统计模型等方法,并以此为研究基础展开本研究的实证部分。本文所有的实证研究都基于中国院士的空间区位。基于中国院士个体在不同成长空间之间的联系,构建中国院士流动网络;基于中国院士之间论文合作的空间联系,构建中国院士科研合作网络。最后,基于构建的中国院士流动网络和中国院士科研合作网络的节点属性和双边关系属性,进一步探讨两个网络的空间耦合规律及其内在机理,总结中国院士流动对知识流动的空间效应。

空间分析是本文对科技人才研究的主要贡献,本研究刻画了中国院士的空间分布特征。中国院士的空间分布特征包括不同成长阶段的空间分布特征和不同历史时期的空间分布特征。基于数据的特殊需求,采用负二项回归模型探究影响中国院士空间分布的因素。

中国院士流动网络即为中国院士成长轨迹在地理空间上的投影。本研究以城市为研究单元,探究中国院士流动网络的拓扑结构特征、等级层次结构和节点属性特征,并从经济水平、教育水平、国家政策和个人特质等四个方面分析中国院士流动的驱动机制。

以中国院士在城市之间的论文合作联系构建中国院士科研合作网络。探究中国院士科研合作网络的拓扑结构特征、等级层次结构和节点属性特征,以邻近性理论为基本框架,从地理邻近性、教育邻近性、经济邻近性、制度邻近性、社会邻近性等角度切入,探讨中国院士科研合作的邻近性机理。

运用空间探测技术、计量回归模型等方法剖析中国院士流动网络和科研合作网络的空间耦合性，主要从以下三方面出发：第一，网络节点，包括空间热点同位性、空间结构相似性、圈层节点重叠性及节点之间的相关性；第二，网络关联，包括空间联系结构对比、空间体系结构对比、双边关系相关性分析和双边关系回归分析；第三，基于两个网络耦合性的实证分析提出科学家空间流动与知识流动的模型，并探究中国院士流动对知识流动的空间效应。

最后，总结本文的基本结论，提出相关的政策启示，并展望未来研究。本研究按以下思路进行设计（图1-1）。

三、研究内容

本书的研究内容安排为八个章节，其章节可以归纳为四个部分。第一部分是文章的逻辑起点（第一章），第二部分是本书的理论支撑（第二、三章），第三部分是本书的研究成果（第四、五、六、七章），第四部分是本书的结论和讨论（第八章）。

第一章为绪论。主要包括研究背景、研究问题及研究意义，结合研究主题明晰本书的研究思路，建构研究框架，交代研究样本、研究方法及数据来源。

第二章为国内外人才研究进展。本章对国内外关于科技人才特别是中国科学家的相关文献进行了梳理。首先，对国内外关于人才研究的发文情况、作者情况、研究主题、发文机构等进行概况性分析。其次，从人才的空间分布、影响机制、空间效应，人才的科研合作以及人才流动与知识流动的相互作用等方面入手，把握国内外关于科学家流动和知识流动方面的研究现状、研究进展和研究前沿，同时，指出现有文献对科技人才研究的不足，并阐明本文的研究出发点。

第三章为概念辨析与理论基础。本章基于研究主题，对本书中涉及的核心概念，如人才、科技人才、科学家等进行了辨析。阐述了与研究内容相关的基础理论，如人才成长的相关理论、人才流动的相关理论、知识流动的相关理论、空间结构的相关理论和复杂网络理论等，并结合本书的研究思路对已有理论的适用性进行了分析。

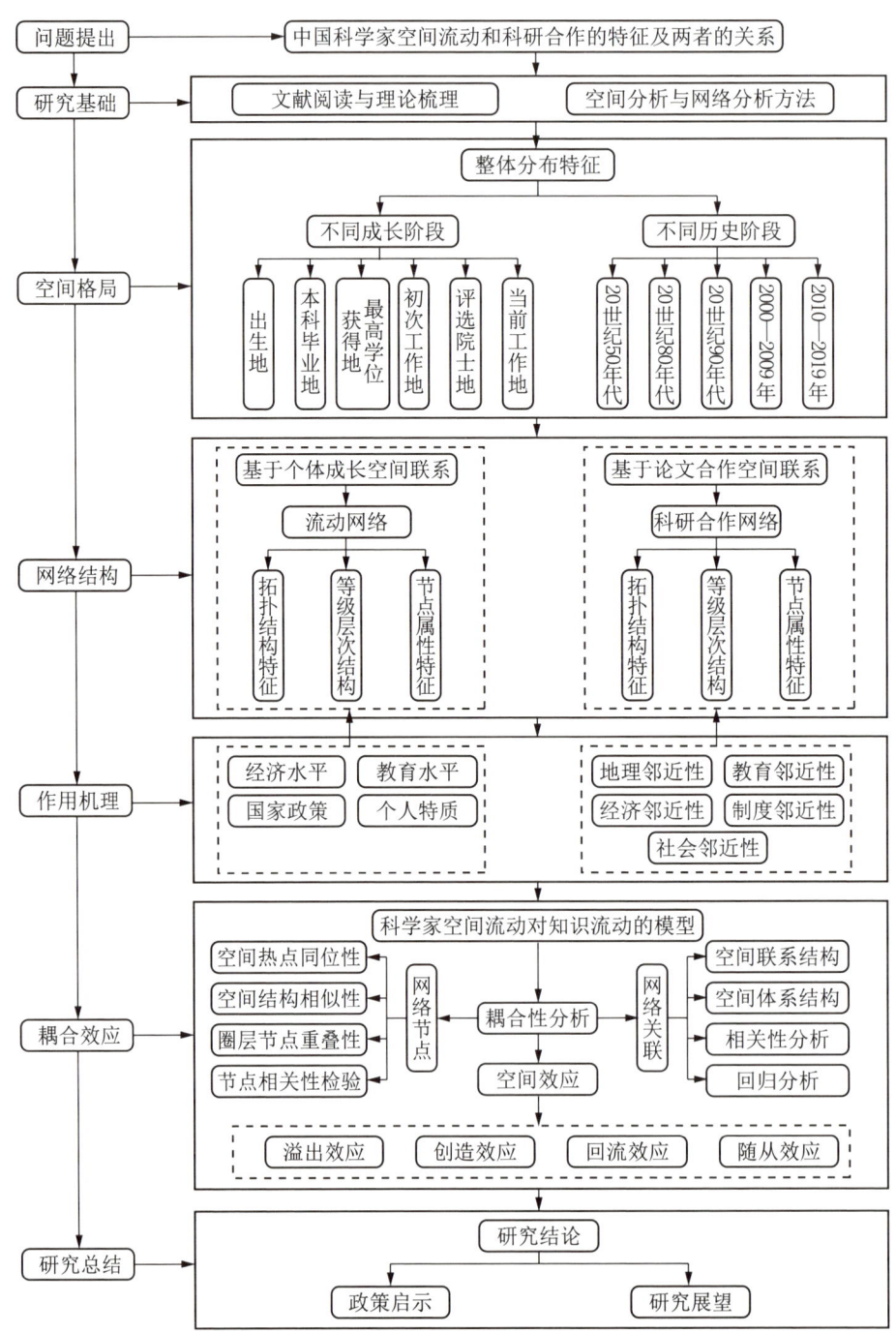

图 1-1 研究思路框架图

第四章为中国院士的空间分布及其影响因素。本章揭示了中国院士不同成长阶段(出生地、本科毕业地、最高学位获得地、初次工作地、院士评选地、当前工作地)的空间分布格局,对比分析了不同历史时期(20世纪50年代、20世纪80年代、20世纪90年代、2000—2009年、2010—2019年)中国院士空间分布特征的异同。同时从城市的经济水平、教育水平、宜居环境、公共服务等方面探讨中国院士空间分布的影响因素。

第五章为中国院士的空间流动及其驱动机制。本章基于中国院士的成长阶段刻画了中国院士流动网络,并对网络的拓扑结构进行了研究。重点分析了网络的核心-边缘、等级层次结构,分析了网络节点的度中心性、加权度中心性、介数中心性的空间分布特征,识别了重要城市在科学家成长过程中扮演的角色。基于已有的研究成果,本章从区域之间的经济水平、教育水平、国际环境、国家政策和个人决策等方面系统总结归纳了中国院士流动的驱动机制。

第六章为中国院士的科研合作及其邻近性机理。本章考查了中国院士科研活动的空间规律,基于中国院士在城市尺度下的论文合作数据,采用社会网络分析方法,探究中国院士科研合作网络的空间结构、等级层次结构及其科研合作热点城市。在邻近性理论框架下采用负二项回归模型研究地理邻近性、经济邻近性、教育邻近性、制度邻近性和社会邻近性对中国院士科研合作的作用机理。

第七章为中国院士流动与科研合作的空间关系。首先,基于已有的文献分析,构建科学家空间流动对知识流动的模型。其次,基于第五章和第六章中国院士流动网络和科研合作网络的基本特征,采用空间统计方法和数学统计模型,分析两个网络的空间匹配性。从空间热点同位性、空间结构相似性、圈层节点重叠性及节点之间的相关性等方面探究两个网络的节点耦合情况;从空间联系结构对比、空间体系结构对比、双边关系相关性分析和双边关系回归分析等方面探究两个网络的双边关系耦合情况。最后,结合科学家空间流动对知识流动的模型,基于两个网络耦合性的实证分析,总结中国院士流动对知识流动的空间效应。

第八章为研究结论与展望。本章对研究结果进行了凝练和总结,阐明本研究主要的创新之处,结合研究结论并针对现实状况提出政策启示,同时指出本研究存在的局限和未来进一步研究的方向。

第四节 研究方法与主要数据

一、研究方法

本文遵循定量论证与定性描述分析相结合的原则,在文献梳理、数据采集、实证研究和结论总结过程中采取了不同的研究方法,具体研究方法如下。

1. 文献梳理与文献计量相结合

借助中国知网(CNKI)、万方数据库(Wanfang Data)、中国学位论文全文数据库等中文数据库,Web of Science、Web of Knowledge 等外文数据库,利用百度学术、谷歌学术等文献检索引擎,以及高校、研究机构图书馆馆藏书籍期刊等学术资源对文献进行查阅梳理,掌握中国科学家等相关人才的研究脉络,了解中国院士研究现状,明晰本书的研究思路。使用 Citespace 等文献计量软件,对国内外科技人才研究的学术基础、前沿问题、研究热点、研究团队、学科领域等内容进行可视化分析。

2. 资料查询与大数据挖掘相结合

本书的研究样本为中国科学院院士和中国工程院院士,两院院士名单来源于中国科学院院士和中国工程院院士官方网站。采用多种途径获取院士的详细信息,在研究过程中对关于院士的网络页面进行了大量检索,如两院院士官方网站信息、工作单位官方网站信息、新闻报道信息等;对关于两院院士的文献进行了大量阅读,如中国科学院院士和中国工程院院士自述、院士传记、院士文集等;对两院院士个体进行了大量访谈,包括面对面访问、电话询问、邮件征询等。通过以上方式获取两院院士的各类信息并进行验证,最终整理和构建了两院院士信息数据库。两院院士的论文合作数据是采用大数据挖掘手段获取了院士在中国知网数据库收录的中文期刊信息和 Web of Science 数据库收录的英文期刊信息。最后通过 VBA 编程、Python 数据爬虫和 R 语言编程，挖掘中国院士论文合作作者关系、学科关系、机构关系、地点关系等方面的数据。

3. 空间统计与计量分析相结合

基于两院院士信息数据库，借助 ArcGIS 10.2 软件，以城市为基本单元对中国院士成长空间进行统计，构建了不同成长阶段（出生地、本科毕业地、最高学位获得地、初次工作地、获得院士地和当前工作地）、不同历史时期（20 世纪 50 年代、20 世纪 80 年代、20 世纪 90 年代、2000—2009 年、2010—2019 年）的空间数据库。之后利用 ArcGIS 的空间探索性分析方法对中国院士不同成长阶段、不同历史时期的空间分布格局进行研究。借助 SPSS、Stata 和 GeoDa 等数据统计分析软件构建一系列回归模型，如零膨胀负二项回归模型、空间滞后模型、空间误差模型，对中国院士空间分布特征的影响因素、中国院士空间流动和科研合作的驱动机制进行研究。

4. 复杂网络与空间分析相结合

基于中国院士空间流动数据和中国院士论文合作数据，构建中国院士流动网络和科研合作网络，借助 Pajek、Gephi、VOSviewer 和 UCINET 等社会网络分析工具可视化流动网络和科研合作网络，对网络的规模、密度、集聚系数、平均路径长度等网络属性进行统计，对网络节点的度中心性、加权度中心性、介数中心性、亲密中心性等特性进行计算。基于网络的关系数据和节点属性数据，借助 ArcGIS 软件对网络的空间结构进行可视化，探测网络的空间拓扑结构特征，分析两个网络的空间同位性特征。

二、研究样本

本书的主要研究对象是以两院院士为代表的中国科学家，但关于科学家的具体内涵还没有统一界定，现还没有对科学家的具体统计指标。院士是国家在科学技术领域设立的最高学术称号之一，代表着国家最高科学技术水平。[1]中国科学院

---

[1] 李醒民. 科学家及其角色特点 [J]. 山东科技大学学报（社会科学版），2009, 11 (3): 1-12.

院士和中国工程院院士统称为两院院士。新中国成立之初，院士群体便为我国现代科学技术事业的开创以及新中国科技事业的奠基做出了卓越贡献。如今，两院院士作为我国科技人才的杰出代表，依然是我国取得重大科技成果的中坚力量和关键人物，推动着我国科技事业的进步和国民经济的发展。鉴于此，本研究以中国科学院院士和中国工程院院士作为中国科学家的典型代表。

1. 中国科学院院士概况

中国科学院成立于1949年，是中国自然科学最高学术机构、科学技术最高咨询机构、自然科学与高技术综合研究发展中心。中国科学院学部成立于1955年，中国科学院院士（1994年以前称为学部委员）早期分属于数学物理学部、化学部、生物学部、地学部、技术科学部这五个学部。学部发展到现在为六个学部，分别为数学物理学部、化学部、生命科学和医学学部、地学部、技术科学部和信息技术科学部（图1-2）。

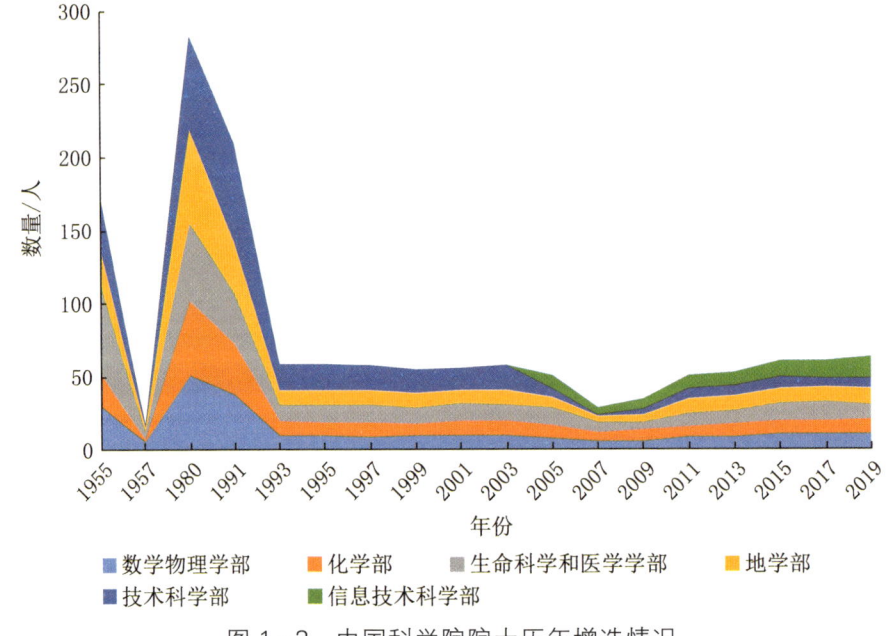

图1-2 中国科学院院士历年增选情况

注：① 2004年6月5日，生物学部更名为生命科学和医学学部，技术科学部分为信息技术科学部和技术科学部。
② 此图横轴标注的是实际发生增选的年份，刻度与年份间隔没有等距对应关系。

在早期，科学院院士甄选的人数变化幅度较大，1955 年选聘了 172 人，1957 年新增了 18 人，1980 年新增了 283 人，1991 年新增了 210 人，可以看出早期院士增选的时间和人数具有很大波动性。自 1992 年《中国科学院学部委员章程（试行）》发布后，中国科学院院士增选工作步入规范化轨道，中国科学院院士增选每两年举行一次，且每年新增的人数基本接近。1993 年新增了 59 人，1995 年新增了 59 人，1997 年新增了 58 人，1999 年新增了 55 人，2001 年新增了 56 人，2003 年新增了 58 人，2005 年新增了 51 人，2007 年新增了 29 人，2009 年新增了 35 人，2011 年新增了 51 人，2013 年新增了 53 人，2015 年新增了 61 人，2017 年新增了 61 人，2019 年新增了 64 人。至 2020 年，共有 1 431 人当选为中国科学院院士。截至 2020 年 1 月，各学部的人数基本接近，数学物理学部 157 人，化学部 133 人，生命科学和医学学部 153 人，地学部 138 人，信息技术科学部 99 人，技术科学部 150 人。其中男性占比 94%，女性占比 6%。当选院士时的平均年龄为 59 岁，其中最大的为 95 岁，最小的为 36 岁（图 1-3）。

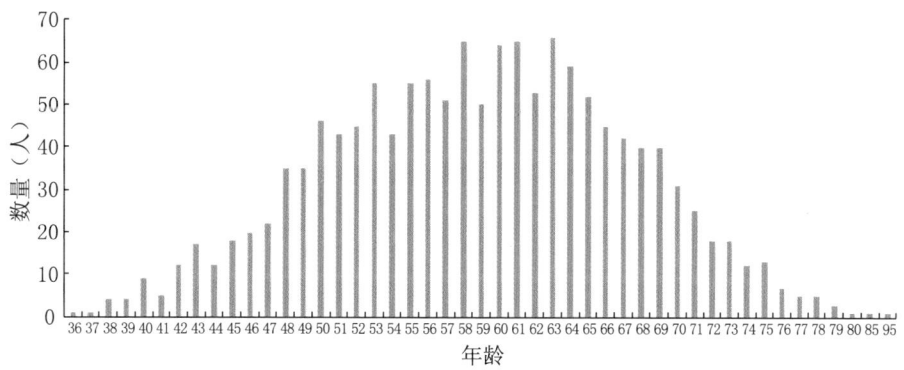

图 1-3　中国科学院院士当选院士年龄情况

注：数据不包括 2019 年后当选的院士。横坐标当选士的年龄从 36 岁每间隔 1 岁增加至 80 岁。此外，数据还包括 85 岁 1 位，90 岁 1 位。

2. 中国工程院院士概况

中国工程院是中国工程科学技术界最高荣誉性、咨询性学术机构。中国工程院成立于1994年6月3日。成立之初分为7个部门，分别为机械与运载工程学部，信息与电子工程学部，化工、冶金与材料工程学部，能源与矿业工程学部，土木、水利与建筑工程学部，农业、轻纺与环境工程学部，医药卫生工程学部。至2020年，中国工程院划分为9个部门，其中机械与运载工程学部159人，信息与电子工程学部161人，化工、冶金与材料工程学部145人，能源与矿业工程学部146人，土木、水利与建筑工程学部148人，环境与轻纺工程学部142人，农业学部46人，医药卫生学部161人，工程管理学部40人，其中3名已被撤销院士资格。中国工程院院士基本每两年增选一次，1994年增选了126人，1995年增选了186人，1996年增选了20人，1997年增选了116人，1999年增选了113人，2001年增选了81人，2003年增选了58人，2005年增选了50人，2007年增选了33人，2009年增选了48人，2011年增选了54人，2013年增选了51人，2015年增选了54人，2017年增选了67人，2019年增选了75人（图1-4）。截至2020年底，中国工程院共有1 145名院士（包括已故院士225人，3名已被撤销院士资格），其中男性占比95%，女性占比5%。当选工程院院士时的平均年龄为62岁，其中最大的为83岁，最小的为41岁（图1-5）。

三、主要数据

本研究主要包括两大数据库。第一，中国院士成长空间数据库。具体包括中国院士出生地数据库、中国院士本科毕业地数据库、中国院士最高学位获得地数据库、中国院士初次工作地数据库、中国院士评选院士地数据库、中国院士当前工作地数据库。第二，中国院士论文合作数据库。具体包括中国院士论文作者合作数据库、中国院士学科合作数据库、中国院士机构合作数据库、中国院士地点合作数据库。

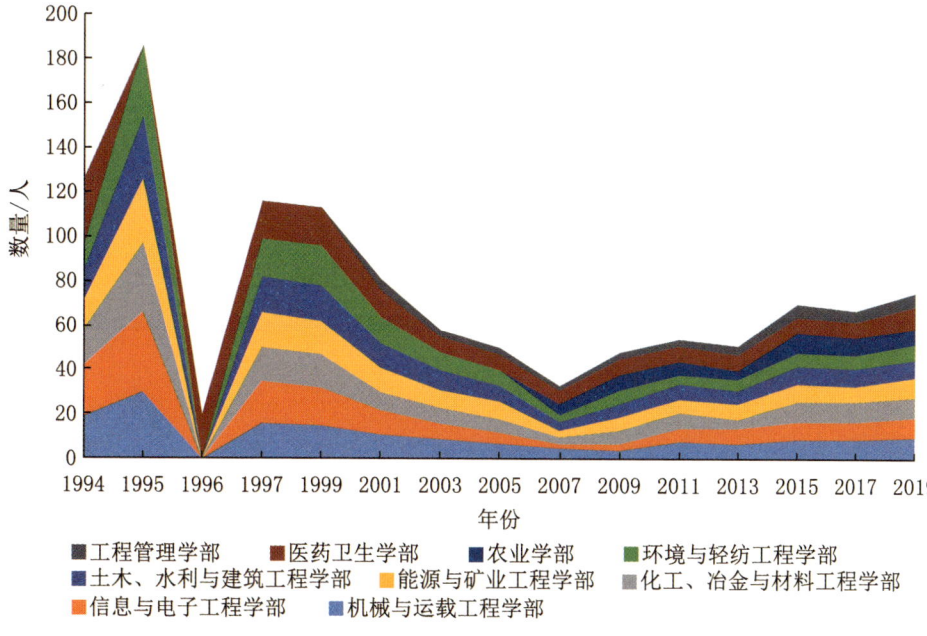

图 1-4 中国工程院院士历年增选情况

注：① 2000 年 9 月 26 日中国工程院工程管理学部正式成立。2006 年 6 月 6 日中国工程院的"农业学部"从原来的"农业、轻纺与环境工程学部"分离出来。

② 此图横轴标注的是实际发生增选的年份，刻度与年份间隔没有等距对应关系。

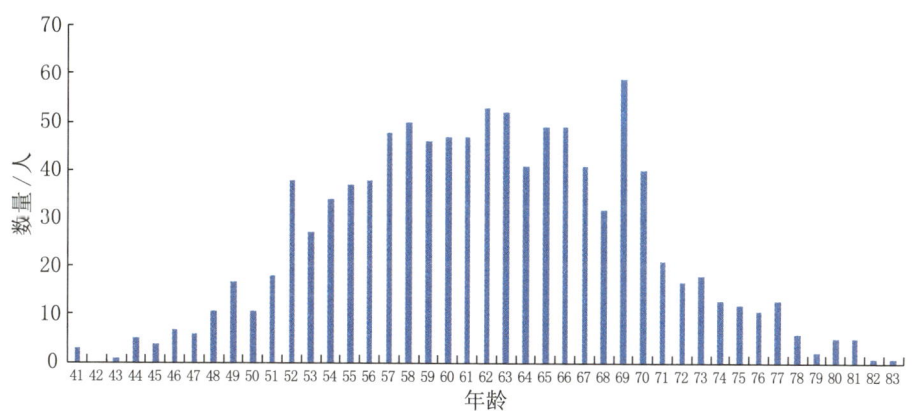

图 1-5 中国工程院院士当选院士年龄情况

注：数据不包括 2019 年后当选的院士。

Chapter 02

第二章
国内外人才研究进展

本书研究的核心问题属于社会科学范畴，探究的核心科学问题是中国院士流动网络和科研合作网络的特征及两个网络的空间关系。本章节针对本书研究的核心概念，结合中国知网（CNKI）和 Web of Science 网站的可视化工具及 Citespace 软件，首先，对人才研究的中英文文献的基本情况进行概述；其次，从人才地理学角度定性梳理人才空间分布、人才科研合作以及人才流动与知识流动相互作用的相关研究；最后，针对国内外关于科学家流动和知识流动方面的研究现状、研究进展和研究前沿，指出现有文献对科技人才研究的不足，并阐明本书的研究出发点。

第一节 人才研究的图谱分析

人才研究的中文文献分析数据来源于中国知网 CNKI（China National Knowledge Infrastructure）数据库，在高级检索引擎下检索以"人才"为主题的文章。检索步骤是先将主题设置为"人才"，文献来源设置为 CSSCI［中文社会科学引文索引来源期刊（含拓展版）］数据库，最终获得相关研究科技人才的46 747篇文章（截至2020年2月）。

一、国内人才研究的基本情况

1. 发文量情况

从中文文献发文量来看（图2-1），以人才为主题的相关研究热度不断递增。尤其是进入21世纪后，人才相关研究的中文文章数量各年相比往年整体呈明显上升趋势。从图2-1来看，2008年可以作为一个时间节点，1998—2007年相关人才研究的文章平稳增多，2008年后相关人才的研究文献急剧增多。可见，中国从科教兴国到人才强国再到创新驱动战略，党中央实施了一系列的人才政策，中国的科技事业蓬勃发展，科技人才队伍不断壮大，这使中国学者对人才研究的重视程度不断攀升。

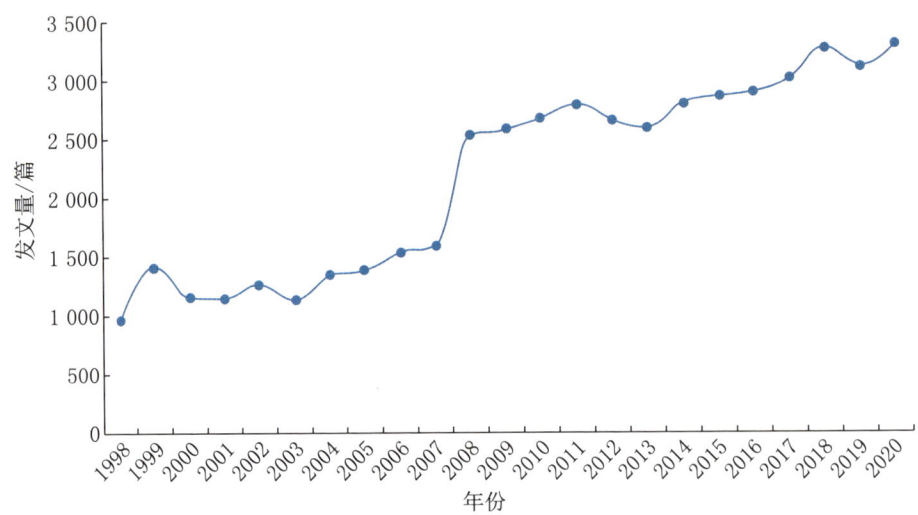

图2-1 人才研究中文文献发文量随时间变化图

资料来源：基于中国知网CSSCI数据库整理。

2. 研究主题情况

现有文献对人才研究的主题主要集中在人才管理、人才培养和区域人才方面。通过图 2-2 可以看出，有关人才研究文献主题最多的是人才管理，占比 12.35%，其中企业人才管理是人才研究的主要话题。人才培养的主题占比 10.77%，各层次、各类型的人才培养问题都得到了学者们的广泛关注，如高职院校、研究生、地方高校等部门的人才培养问题。从研究的主题词还可以发现"中华人民共和国""北美洲""美利坚合众国"这样表示地域的关键词，说明从地理视角关注人才问题的研究也较多。中文文献关注的区域不仅有中国，也关注到了北美国家的人才问题，说明美国等西方国家的人才培养、人才集聚、人才管理等问题也得到了中国学者的关注。

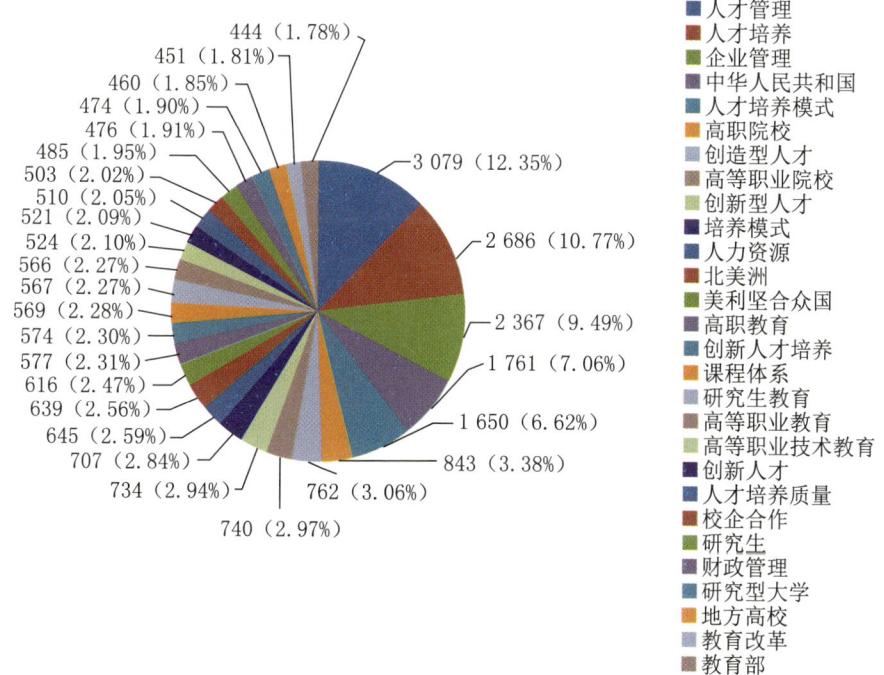

图 2-2 中文人才研究主题情况

资料来源：基于中国知网 CSSCI 数据库整理。

3. 发文作者情况

人才主题研究发文量较高的学者主要来源于高等院校，不同学者从不同的视角对人才进行了研究（表2-1）。人才研究发文量高的学者的研究主题集中在人才的集聚效应、人才的培养问题和人才的流动情况等方面。如牛冲槐、陈万明、刘兵、张樨樨等学者从科技创新的角度研究了人才的集聚效应[1][2][3][4][5][6][7][8]；钟秉林、林健、石伟平等从人才培养的角度探究了怎样培养创新人才的问题[9][10][11][12][13]；刘进等从人才流动的视角探究了人才流动的规律和区域效应[14][15]。通过中文人才研究的主要作者情况可以看出，现有对人才研究的文献主要集中在管理学和教育学领域，从地理学视角探究人才的空间分布规律和区域效应的发文量较少。

---

[1] 刘兵，李嫄，许刚. 开发区人才聚集与区域经济发展协同机制研究［J］. 中国软科学，2010（12）：89-96.

[2] 刘兵，梁林，李嫄. 我国区域人才聚集影响因素识别及驱动模式探究［J］. 人口与经济，2013（4）：78-88.

[3] 牛冲槐，江海洋. 硅谷与中关村人才聚集效应及环境比较研究［J］. 管理学报，2008（3）：396-400,468.

[4] 牛冲槐，王聪，郭丽芳，等. 科技型人才聚集下的知识溢出效应研究［J］. 管理学报，2010，7（1）：24-27.

[5] 芮雪琴，李环耐，牛冲槐，等. 科技人才聚集与区域创新能力互动关系实证研究——基于2001—2010年省际面板数据［J］. 科技进步与对策，2014，31（6）：23-28.

[6] 张敏，陈万明，刘晓杨. 人才聚集效应关键成功要素及影响机理分析［J］. 科技管理研究，2009，29（8）：494-497.

[7] 张敏，陈万明，刘晓杨. 中小企业人才聚集效应的虚拟化实现［J］. 管理学报，2010，7（3）：386-390.

[8] 张樨樨. 我国高技术产业集聚与高技术人才集聚互动关系的建模研究［J］. 科技进步与对策，2010，27（11）：72-75.

[9] 方芳，钟秉林. 在建设一流学科的进程中着力加强创新人才的培养［J］. 江苏高教，2017（1）：14-17.

[10] 林健. 注重卓越工程教育本质 创新工程人才培养模式［J］. 中国高等教育，2011（6）：19-21.

[11] 林健. 面向未来的中国新工科建设［J］. 清华大学教育研究，2017，38（2）：26-35.

[12] 石伟平，郝天聪. 产教深度融合 校企双元育人——《国家职业教育改革实施方案》解读［J］. 中国职业技术教育，2019（7）：93-97.

[13] 钟秉林. 推进大学科教融合 努力培养创新型人才［J］. 中国大学教学，2012（5）：4-6.

[14] 刘进，哈梦颖. 世界一流大学学术人才向中国流动的规律分析——"一带一路"视角［J］. 比较教育研究，2017，39（11）：26-33.

[15] 刘进，刘真. 从人才流失到人才获得——"一带一路"沿线国家的机遇与挑战［J］. 河北师范大学学报（教育科学版），2017，19（4）：81-85.

表 2-1 中文人才研究的主要作者情况

序号	姓名	单位	数量	序号	姓名	单位	数量
1	牛冲槐	太原理工大学	56	16	李正	华南理工	17
2	钟秉林	北京师范大学	55	17	张炜	浙江大学	16
3	林健	清华大学	43	18	刘献君	华中科技大学	16
4	周建松	浙江金融职业学院	40	19	周海涛	北京师范大学	15
5	张向前	华侨大学	40	20	肖凤翔	天津大学	15
6	别敦荣	厦门大学	24	21	刘进	北京理工大学	15
7	郭福春	浙江金融职业学院	22	22	仲伟合	广东外语外贸大学	15
8	丁金昌	温州职业技术学院	21	23	梁林	河北工业大学	15
9	邹晓东	浙江大学	21	24	陆国栋	中国高等教育学会	15
10	石伟平	华东师范大学	20	25	钟秉林	中国教育学会	15
11	潘懋元	厦门大学	20	26	张㭎㭎	中国海洋大学	15
12	陈万明	南京航空航天大学	20	27	周光礼	中国人民大学	14
13	王根顺	兰州大学	19	28	吴伟	浙江大学	14
14	王孙禺	清华大学	17	29	马廷奇	武汉理工大学	14
15	刘兵	河北工业大学	17	30	胡蓓	华中科技大学	14

资料来源：基于中国知网 CSSCI 数据库整理。

4. 发文机构情况

高等院校是中文人才研究的主要阵地，国内双一流大学相关人才研究的发文量较大（表2-2）。相关人才主题研究的机构主要集中在我国高等院校集聚的城市，其空间分布和我国双一流大学的分布格局共轭，如北京的清华大学、北京师范大学、中国人民大学、北京大学；上海的华东师范大学、上海交通大学、复旦大学；武汉的武汉大学、华中科技大学、华中师范大学、武汉理工大学；广州的华南理工大学、中山大学、华南师范大学。这反映出以上学校重视人才问题的相关研究，同时也说明这些高校的科研基础较好，有关人才主题的文章产出量较大。

表 2-2　中文人才研究的主要机构情况

序号	机构	数量	序号	机构	数量	序号	机构	数量
1	清华大学	743	11	上海交通大学	344	21	南开大学	249
2	北京师范大学	713	12	天津大学	336	22	兰州大学	237
3	武汉大学	619	13	吉林大学	328	23	华南师范大学	236
4	浙江大学	595	14	华中师范大学	315	24	陕西师范大学	232
5	中国人民大学	573	15	东北师范大学	286	25	复旦大学	230
6	南京大学	559	16	南京师范大学	283	26	苏州大学	227
7	北京大学	530	17	西安交通大学	276	27	西南大学	221
8	华中科技大学	491	18	四川大学	265	28	中南大学	205
9	华东师范大学	468	19	华南理工大学	263	29	武汉理工大学	204
10	厦门大学	449	20	中山大学	261	30	湖南师范大学	204

资料来源：基于中国知网 CSSCI 数据库整理。

二、国外人才研究的基本情况

科学家研究的英文文献图谱分析的数据来源于汤森路透旗下的 Web of Science 核心合集数据库，检索以"talents"为主题的文章。检索步骤为高级检索，检索指令设置为"ST = talents"，语种设置为"English"，文献类型限制为"Article"，时间跨度为"1982—2019 年"，最终获得相关研究人才的 9 137 篇英文文章。

1. 发文量情况

从有关人才主题的外文发文量来看，1982—2019 年人才主题的文章数量不断增加（图 2-3）。按照发文量增长趋势特点可以划分为三个阶段：第一阶段为 1982—1990 年，这一时期相关人才主题的英文发文量较少，各年的发文量都在 10 篇左右；第二阶段为 1991—2008 年，这一时期相关人才主题的英文发文量平稳上升，1991 年人才主题的发文量为 17 篇，之后各年的发文量相比往年都有所增加，到 2008 年发文量为 248 篇；第三阶段为 2009—2019 年，这一时期相关人才主题的发文量急剧增加，到 2019 年人才主题的发文量高达 1 013 篇。从英文人才主题的发文量来看，外文对人才问题的研究热度不断攀升，特别是

2008年以后,伴随着全球一体化程度的提升,人才在全球范围内的流动越来越频繁。西方发达经济体的经济增长速度放缓,传统的人才吸引能力相对下降,其人才的外流量增加。中国、印度等新兴经济体的经济增长速度加快,其出台的鼓励海外人才回流的政策导致了人才回流数量的增加,全球迎来了人才流动大时代,这样的现实背景使学者对人才问题研究的深度和广度不断拓展,促进了相关英文科研成果的产出。

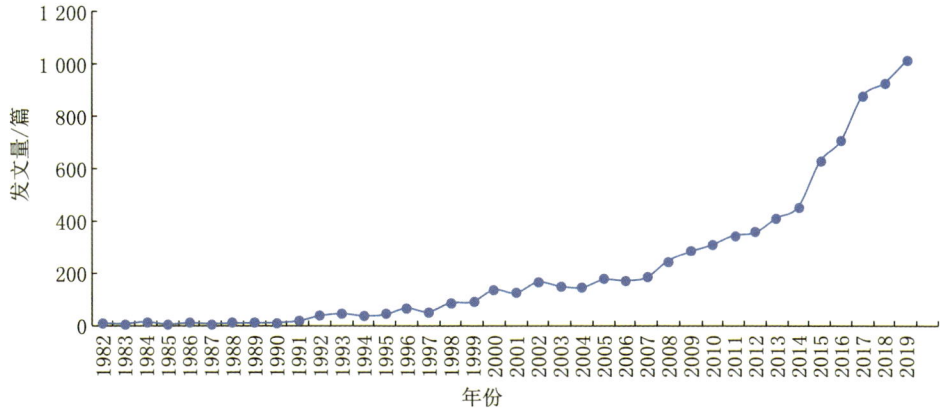

图2-3 人才研究英文文献发文量随时间变化图

资料来源:基于Web of Science核心合集数据库整理。

2. 发文作者情况

从相关人才的英文发文作者情况来看,发文量较多的作者主要集中在教育学和心理学领域(图2-4),如Collins等研究了人才的识别和人才的培养问题[1][2][3];Vaeyens、Lenoir、Elferink-Gemser、Malina等从体育科学的角度研究

---

[1] ABBOTT A, COLLINS D. A theoretical and empirical analysis of a 'state of the art' talent identification model [J]. High ability studies, 2002, 13(2):157-178.

[2] ABBOTT A, COLLINS D. Eliminating the dichotomy between theory and practice in talent identification and development: considering the role of psychology [J]. Journal of sports sciences, 2004, 22(5):395-408.

[3] MARTINDALE R J, COLLINS D, DAUBNEY J. Talent development: a guide for practice and research within sport [J]. Quest, 2005, 57(4):353-375.

图 2-4 英文人才研究作者情况

资料来源：基于 Web of Science 核心合集数据库整理。

了体育人才识别和体育人才培养的相关问题[1][2][3][4][5][6][7]；Olszewski-Kubilius、Subotnik 等从心理学视角研究了人才的成长和发展的相关问题[8][9][10]。通过英

---

[1] DEPREZ D, FRANSEN J, BOONE J, et al. Characteristics of high-level youth soccer players: variation by playing position [J]. Journal of sports sciences, 2015, 33(3):243-254.

[2] ELFERINK-GEMSER M, VISSCHER C, LEMMINK K, et al. Relation between multidimensional performance characteristics and level of performance in talented youth field hockey players [J]. Journal of sports sciences, 2004, 22(11-12):1053-1063.

[3] KANNEKENS R, ELFERINK GEMSER M T, VISSCHER C. Positioning and deciding: key factors for talent development in soccer [J]. Scandinavian journal of medicine & science in sports, 2011, 21(6):846-852.

[4] MALINA R M, CUMMING S P, KONTOS A P, et al. Maturity-associated variation in sport-specific skills of youth soccer players aged 13-15 years [J]. Journal of sports sciences, 2005, 23(5):515-522.

[5] VAEYENS R, GÜLLICH A, WARR C R, et al. Talent identification and promotion programmes of Olympic athletes [J]. Journal of sports sciences, 2009, 27(13):1367-1380.

[6] VAEYENS R, LENOIR M, WILLIAMS A M, et al. The effects of task constraints on visual search behavior and decision-making skill in youth soccer players [J]. Journal of sport and exercise psychology, 2007, 29(2):147-169.

[7] VAEYENS R, PHILIPPAERTS R M, MALINA R M. The relative age effect in soccer: A match-related perspective [J]. Journal of sports sciences, 2005, 23(7):747-756.

[8] OLSZEWSKI-KUBILIUS P, LEE S. Gender and other group differences in performance on off-level tests: Changes in the 21st century [J]. Gifted child quarterly, 2011, 55(1):54-73.

[9] SUBOTNIK R F, OLSZEWSKI-KUBILIUS P, WORRELL F C. Rethinking giftedness and gifted education: A proposed direction forward based on psychological science [J]. Psychological science in the public interest, 2011, 12(1):3-54.

[10] SUBOTNIK R F, RICKOFF R. Should eminence based on outstanding innovation be the goal of gifted education and talent development? Implications for policy and research [J]. Learning and individual differences, 2010, 20(4):358-364.

文文献人才主题的主要作者发文情况可以看出，教育学和心理学的相关学者把人才作为重要的研究对象，地理学相关学者的发文量相比教育学和心理学的学者较少。

3. 发文机构及国家或地区情况

英文人才主题的发文机构主要集中在国外一流大学，北美、西欧和澳洲的大学关于人才主题的发文量较多（图2-5）。美国的加利福尼亚大学、哈佛大学、佛罗里达州立大学、北卡罗来纳大学、得克萨斯大学、宾夕法尼亚大学、密歇根大学、佐治亚大学、斯坦福大学、康涅狄格大学，英国的伦敦大学、利物浦约翰摩尔大学，澳大利亚的悉尼大学、昆士兰大学，加拿大的多伦多大学、维多利亚大学，荷兰的格罗宁根大学、阿姆斯特丹大学，比利时的根特大学是人才主题发文量较多的机构。

图2-5　英文人才研究机构情况

资料来源：基于Web of Science核心合集数据库整理。

相关人才主题的英文文章主要来源于北美、西欧的国家，中国也是英文人才主题文章的主要来源国（图2-6）。美国是关于人才主题英文文献的最大来源国，占总数的34.22%，可见美国作为人才集聚的超级大国对人才研究的重视程度非常高。英国是人才主题英文文献的第二大来源国，占总数的12.30%，英国作为传统的人才强国且英语是其母语，人才研究得到了学界的重视，关于人才研究的文章产出量较多；中国关于人才的英文发文量位列第三，占总数的9.53%，说明中国学者同样重视英文文献对人才的研究。此外，关于人才研究的英文文章的发文量较多的还有澳大利亚、加拿大、德国、荷兰、西班牙、法国、意大利、印度、中国台湾、比利时、南非、瑞士、瑞典、葡萄牙、新加坡、新西兰等国家或地区。以上国家或地区关于人才研究的英文发文量较多，这与其对人才的重视程度密不可分，同时也有可能与这些国家或地区融入全球一体化的程度较高及英语是一些国家或地区的主要使用语言有关。

图 2-6　英文人才研究国家或地区情况

资料来源：基于 Web of Science 核心合集数据库整理。

4. 主要期刊及研究方向

关于人才主题的英文文章主要出版物集中在体育学、教育学、心理学、管理学、医学的相关期刊（图 2-7）。从期刊的研究领域来看，体育科学领域的 *Journal of Sports Science*、*Journal of Strength and Conditioning Research*、*International Journal of Sports Science and Coaching*、*Journal of Human Kinetics*，教育学和心理学领域的 *Gifted Child Quarterly*、*Frontiers in Psy-*

chology、*High Ability Studies*、*Educational Sciences：Theory and Practice*、*Journal for the Education of the Gifted*，商业与经济领域的 *Harvard Business Review*、*International Journal of Human Resource Management*、*Journal of World Business*，科技领域的 *Agro Food Industry Hi-Tech*，医学领域的 *Journal of Vascular Surgery*、*Journal of Endovascular Therapy*，科技领域的 *PloS One*、*Sustainability*、*Eurasia Journal of Mathematics Science and Technology Education* 等期刊刊发的关于人才主题的文章较多。

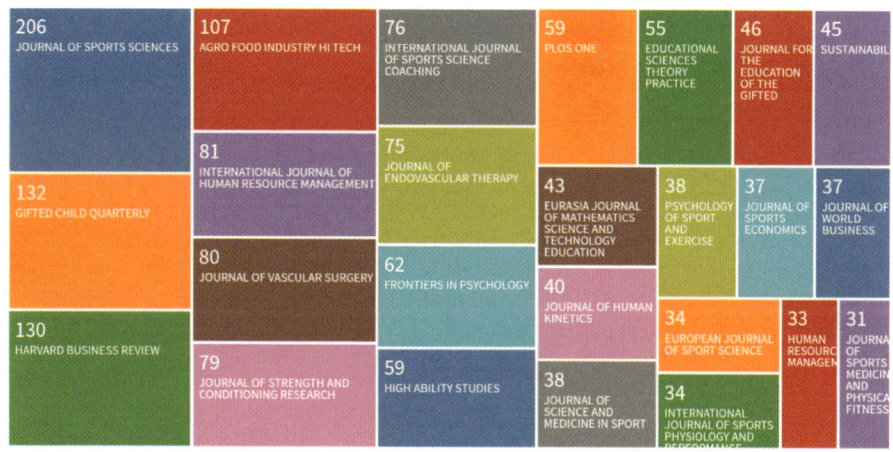

图 2-7 英文人才研究主要出版物

资料来源：基于 Web of Science 核心合集数据库整理。

从研究方向来看，关于人才主题的文章的研究方向主要为商业经济学、心理学、教育学、体育科学、社会科学、手术和心血管系统心脏病学、工程、科技、环境科学、生态学、计算机科学、公共行政、政府法规、地理学、生物技术应用、微生物学、食品科学技术、信息科学、图书馆学、神经科学、人文艺术、文献学、历史、城市研究、医疗保健科学、音乐等（图2-8）。其中商业经济学占比 27.08%、心理学占比 14.85%、教育学占比 12.56%、体育科学占比 10.85%、社会科学占比 8.15%。从研究方向来看，地理学可以探究人才的空间分布规律，其具有学科独特的研究视角和研究方法，地理学成了英文文献研究人才的重要方向之一。

图 2-8　英文人才主要研究方向

资料来源：基于 Web of Science 核心合集数据库整理。

第二节　人才研究的定性总结

以上对人才研究的中文文献及英文文献各年的发文量、主题、期刊类型、发文机构、研究方向等基本情况进行了梳理。在摸清人才主题相关研究基本情况下，基于人文地理学的学科视角从人才的空间格局、空间位移、空间效应、空间开发等角度，具体梳理人才及科技人才的相关研究；从作者合作、机构合作、学科合作和区域合作等方面梳理科研合作的相关研究。此外，梳理了人才流动与知识流动相互作用的相关研究。

一、人才空间分布的相关研究

1. 人才的空间分布格局

揭示人才空间分布规律是人才地理学的中心课题。地理学者从不同尺度分析了不同类型人才的空间分异特点，普遍发现了人才空间分布的地域差异性。从全球人才的分布情况来看，各类人才集中分布在北美和西欧，尤其是作为世界科技中心的美国,是世界各类顶尖人才的主要集聚地。Batty 研究发现全球一半的高被引科学家集聚在少数几个发达国家的几十个研究机构中。[1]Basu 统计了 1981—1999 年高被引科学家的国别数量,发现高被引科学家在美国的占比高达 67%。[2]何舜辉研究发现诺贝尔奖获得者高度集中于北美、欧洲等发达国家,尤其是美国、英国和德国。[3]从中国人才的分布情况来看,中国人才的空间分异特征明显,主要分布于中国东部沿海地区[4][5],经济水平较高的城市集聚了我国主要的人才资源。[6][7]王若宇发现中国高校科研人才主要分布于京津冀和长三角地区,分布表现出较强的空间非均衡性,呈现东南密集、西北稀疏的分布格局,北京、天津、上海是人才分布的热点区域。[8]张波发现中国各省市人才分布表现出非随机性和空间非均衡性,人才主要聚集在北京、上海、天津等地,且北方人才密度高于南方。[9]

2. 人才的空间位移规律

人才的空间位移最终会导致人才的空间集聚,了解人才的空间集聚特征的前提是掌握人才的空间位移规律。人才的流动包括人才在职业、产业和地域间的移动。地理学者的研究聚焦于人才在区域间的移动规律,探究不同类型人才

---

[1] BATTY M. The geography of scientific citation [J]. Environment and planning A, 2003, 35(5):761-765.
[2] BASU A. Using ISI's "Highly Cited Researchers" to obtain a country level indicator of citation excellence [J]. Scientometrics, 2006, 68(3):361-375.
[3] 何舜辉. 世界科学中心转移过程与形成机制 [D]. 上海:华东师范大学, 2019.
[4] 聂晶鑫, 刘合林. 中国人才流动的地域模式及空间分布格局研究 [J]. 地理科学, 2018, 38(12): 1979-1987.
[5] 任泉香, 朱竑, 李鹏. 近现代中国女性人才的地理分布和区域分异 [J]. 地理学报, 2007, 62 (2): 211-220.
[6] 张建伟, 杜德斌, 姜海宁. 江苏省科技人才区域差异演变研究 [J]. 地理科学, 2011, 31 (3): 378-384.
[7] 张平宇, 赵艳霞, 马延吉. 东北地区智力资源开发与区域竞争力 [J]. 地理科学, 2003, 23 (5): 513-518.
[8] 王若宇, 黄旭, 薛德升, 等. 2005—2015 年中国高校科研人才的时空变化及影响因素分析 [J]. 地理科学, 2019, 39 (8): 1199-1207.
[9] 张波. 2000 年代以来中国省际人才的时空变动分析 [J]. 人口与经济, 2019 (3): 91-101.

在不同地域空间内的流动规律。普遍研究表明，科技人才具有明显的跨区域或跨国流动特征，科技人才向科技水平较高的区域或国家流动为主要趋势。Hunter等研究发现世界上文献被引用最多的物理学家中，近一半在出生国以外的国家工作。[1]Zarifa和Wang均研究发现在从加拿大和中国流失到美国的人才中，绝大多数人才集中在少数几个专业领域。[2][3]从人才流动在世界范围内的趋势来看，学者认为人才流动正在经历着从"人才流失""人才回流"到"人才环流"的阶段。[4][5]OECD（经济与合作发展组织）的报告显示越来越多的科学家回流到新兴经济国家中，如巴西、俄罗斯、印度和中国等金砖国家。[6]Huang和Ertug实证发现，与美国之外的OECD国家和金砖国家相比，尤其是中国和印度，在美国的基因学科学家的数目和比例都有所下降。[7]侯纯光等基于国际留学生数据，发现全球及"一带一路"沿线国家或地区人才流动网络具有明显的小世界性，有划分明显的社团结构和核心边缘结构。[8]周亮等研究了中国科学院院士求学、就业与工作地的空间流动规律，发现北京和上海作为经济发达区既是强流入中心也是强流出中心。[9]聂晶鑫等研究发现中国本科毕业生生源

---

[1] HUNTER R S, OSWALD A J, CHARLTON B G. The elite brain drain [J]. The economic journal, 2009, 119(538):F231 - F251.

[2] WANG X, MAO W, WANG C, et al. Chinese elite brain drain to USA: an investigation of 100 United States national universities [J]. Scientometrics, 2013, 97(1):37 - 46.

[3] ZARIFA D, WALTERS D. Revisiting Canada's brain drain: evidence from the 2000 cohort of Canadian university graduates [J]. Canadian public policy, 2008, 34(3):305 - 319.

[4] MULEC B. Brain talent circulation: a new aim for countries connecting with diasporas [J]. Dve domovini/Two homelands, 2011(33):109 - 122.

[5] SAXENIAN A. Brain circulation: how high-skill immigration makes everyone better off [J]. Brookings review, 2002, 20(1):28 - 31.

[6] OECD. International Migration Outlook 2016 [M]. Paris: OECD Publishing, 2016.

[7] HUANG K G, ERTUG G. Mobility, retention and productivity of genomics scientists in the United States [J]. Nature biotechnology, 2014, 32(9):953 - 958.

[8] 侯纯光, 杜德斌, 刘承良, 等. 全球人才流动网络复杂性的时空演化——基于全球高校留学生流动数据 [J]. 地理研究, 2019, 38 (8): 1862 - 1876.

[9] 周亮, 张亚. 中国顶尖学术型人才空间分布特征及其流动趋势——以中国科学院院士为例 [J]. 地理研究, 2019, 38 (7): 1749 - 1763.

与就业流动具有明显的本地空间黏滞性特征，东南沿海与长江沿岸等优势区域形成了人才流动的高地。①马海涛采用案例研究高端归国人才，利用"归国人才三角"概念框架，通过人才流动来刻画城市网络，发现高端归国人才网络的城市节点主要为中国和美国的大城市。②刘云刚等发现来华跨国移民大部分来源于发达国家，其主要集聚于沿海发达省市。③综合大多数学者的研究发现，无论是在世界范围还是在国内，发达地区是人才流动的主要阵地。

3. 影响人才集聚的因素

人才的空间分异是多种要素综合作用的结果，多种因素相互融合、相互作用，最终导致了人才在空间上的集聚④，如自然环境⑤、经济基础⑥、文化教育水平⑦⑧和政治环境⑨等。从不同类型人才的空间分布因素来看，王若宇认为人才政策、高等教育水平、公共服务水平和信息化水平、薪资水平是影响中国人才空间分布的重要因素。⑩伦蕊研究发现，区域科技人才的集聚程度与区域的经济发展水平、公共服务水平等构成的硬环境和社会文化、政府管理能力等

---

① 聂晶鑫，刘合林. 中国人才流动的地域模式及空间分布格局研究［J］. 地理科学，2018，38（12）：1979－1987.

② 马海涛. 基于人才流动的城市网络关系构建［J］. 地理研究，2017，36（1）：161－170.

③ 刘云刚，陈跃. 1990年代以来在华跨国移民动态特征［J］. 世界地理研究，2014，23（4）：1－13.

④ ZHOU Y, GUO Y, LIU Y. High-level talent flow and its influence on regional unbalanced development in China［J］. Applied geography, 2018, 91:89－98.

⑤ 李瑞，吴殿廷，鲍捷，等. 高级科学人才集聚成长的时空格局演化及其驱动机制——基于中国科学院院士的典型分析［J］. 地理科学进展，2013，32（7）：1123－1138.

⑥ 罗守贵，王爱民，高汝熹. 高级人才空间流动因素分析及建立反区域筛选机制的意义［J］. 地理科学，2009，29（6）：779－786.

⑦ COWLING M, LEE N. How entrepreneurship, culture and universities influence the geographical distribution of UK talent and city growth［J］. Journal of management development, 2017, 36(2):178－195.

⑧ 高锡章，范闻捷，冷疏影. 青年科学基金助推地理学人才成长［J］. 地理科学进展，2018，37（2）：174－182.

⑨ 李瑞，吴殿廷，鲍捷，等. 高级科学人才集聚成长的时空格局演化及其驱动机制——基于中国科学院院士的典型分析［J］. 地理科学进展，2013，32（7）：1123－1138.

⑩ 王若宇，黄旭，薛德升，等. 2005—2015年中国高校科研人才的时空变化及影响因素分析［J］. 地理科学，2019，39（8）：1199－1207.

构成的软环境都有关系。① 霍丽霞等认为区域经济发展状况、科技创新环境、教育文化环境等是影响科技人才集聚的主要因素。② 张波认为城市化和经济发展水平是驱动人才空间聚集的主要动因,高等教育、医疗服务水平也会影响人才的集聚,在人才争夺战大背景下非市场化机制逐渐成为人才空间聚集的关键因素。③

关于人才流动驱动机制的相关研究中,马海涛等从推拉力理论出发,认为国家力量和个人动机对人才跨国流动都会产生推力或拉力,人才流出和流入是国家和个人多种要素综合作用的结果。④ 职业生涯早期,科学家往往被一国的顶尖科技地位、良好职业前景和优质科研环境所吸引。⑤⑥ 而对于移民海外后要归国的人来说,个人职业发展和回归家庭是最重要的因素。⑦ Gaulé 认为母国的经济发展程度和人均收入水平是在美科学家决定回国时首要考虑的因素。⑧ 在研究生毕业转型的人生阶段,照顾年迈的父母、管理双重职业、未来的儿童保育和工作与生活平衡等问题会对个人迁移产生多重的推拉力。⑨ Nifo 和 Vecchione 通过研究意大利毕业生样本数据发现,制度对科技人才做出迁移的决策与人均收

---

① 伦蕊. 我国技术人才空间分布非均衡度的实证测评及原因解析 [J]. 科技进步与对策, 2009, 26 (4): 150-153.
② 霍丽霞, 王阳, 魏巍. 中国科技人才集聚研究 [J]. 首都经济贸易大学学报, 2019, 21 (5): 13-21.
③ 张波. 2000 年代以来中国省际人才的时空变动分析 [J]. 人口与经济, 2019 (3): 91-101.
④ 马海涛, 张芳芳. 人才跨国流动的动力与影响研究评述 [J]. 经济地理, 2019, 39 (2): 40-47.
⑤ APPELT S, VAN BEUZEKOM B, GALINDO-RUEDA F, et al. Which factors influence the international mobility of research scientists? [M] //Global Mobility of Research Scientists. NX Amsterdam Elsevier, 2015:177-213.
⑥ VAN BOUWEL L, LYKOGIANNI E, VEUGELERS R. Mobility of European researchers to the US: student mobility vs. researcher mobility [R]. Bruegel: Katholieke Universiteit Leuven, 2011.
⑦ KELLER W. Geographic localization of international technology diffusion [J]. American economic review, 2002, 92(1):120-142.
⑧ GAULÉ P. Who comes back and when? Return migration decisions of academic scientists [J]. Economics letters, 2014, 124(3):461-464.
⑨ GEDDIE K. The transnational ties that bind: relationship considerations for graduating international science and engineering research students [J]. Population, space and place, 2013, 19(2):196-208.

入差异的影响一样重要。①Mosneaga 和 Winther 研究发现，在学习到工作的过渡过程中，个人因素和环境背景因素相互融合，最后影响来自不同国家背景下的个人的迁移决策。②此外，开展国际科技合作也是促使科学家进行跨国流动的要素。③

4. 人才的空间效应研究

人才在区域间的集聚强度和人才在区域聚集的均衡度所产生的人才聚集效应，对地区的创新能力、科技水平及国家的综合国力都具有重要的影响。④Florida 认为人才的地理分布与高科技产业的位置密切相关。一个城市的竞争力在很大程度上取决于其全球劳动力市场的运作，其中一个关键因素是移民人才。⑤刘晔等发现中国科研人才分布与区域创新产出之间具有一定的空间关联性，在创新产出水平高的区域，科研人才的知识吸收能力对某些创新投入要素起正向调节作用。⑥人才集聚对区域经济增长具有共轭驱动力，提高人才集聚投入，应进一步提高高等教育投入，从而实现对经济增长的共轭驱动。⑦

国外学者认为人才流动是知识溢出的一个重要渠道，可以有效促进区域知识扩散、技术进步和经济增长。高技能移民影响了全球知识中心的形成和转移。⑧

---

① NIFO A, VECCHIONE G. Do institutions play a role in skilled migration? The case of Italy [J]. Regional studies, 2014, 48(10):1628-1649.
② MOSNEAGA A, WINTHER L. Emerging talents? International students before and after their career start in Denmark [J]. Population, space and place, 2013, 19(2):181-195.
③ CONCHI S, MICHELS C. Scientific mobility: An analysis of Germany, Austria, France and Great Britain [R]. Fraunhofer ISI Discussion Papers Innovation Systems and Policy Analysis, 2014.
④ 牛冲槐, 原锟霞, 李秋霞. 科技资源配置与科技型人才聚集效应模型研究 [J]. 科技进步与对策, 2010, 27 (15): 111-114.
⑤ FLORIDA R, MELLANDER C. Technology, talent and economic segregation in cities [J]. Applied geography, 2020, 116(0):102167.
⑥ 刘晔, 曾经元, 王若宇, 等. 科研人才集聚对中国区域创新产出的影响 [J]. 经济地理, 2019, 39 (7): 139-147.
⑦ 刘林, 郭莉, 李建波, 等. 高等教育和人才集聚投入对区域经济增长的共轭驱动研究——以江苏、浙江两省为例 [J]. 经济地理, 2013, 33 (11): 15-20.
⑧ JÖNS H. Talent mobility and the shifting geographies of Latourian knowledge hubs [J]. Population, space and place, 2015, 21(4):372-389.

Fallick 等认为，人才是知识流动的重要载体，科学家在世界范围内的流动有利于国家间知识的流动，这种由科学家产生的知识溢出效应会促进区域科技能力的提升。① Walz 认为，发达国家和发展中国家之间的科学家流动将导致区域之间的知识和技术流动，这有助于发展中国家的技术进步和经济增长。② Saxenian 认为东亚国家和地区的科技人才归国过程会形成东亚国家与人才原所在国的社会网络，这种网络有利于技术转移，从而对提高东亚地区的科技创新能力具有重要促进作用。③

值得一提的是在当今创新驱动世界经济发展的时代，科技人才的成长规律是社会关注的重要话题。美国社会学家 Zuckerman 通过研究美国 92 位诺贝尔奖获得者的生平经历，发现优越的家庭条件、求学名校、师从名师、善于合作的人有利于取得科学成果。④科尔兄弟认为科学界存在社会分层现象，科学是一个高度等级化的社会系统，在这个系统中，科学家在产量、知名度和声望方面存在很大差异，在分层结构中对科技进步做出最大贡献的人位于科学分层的最高层。⑤曹聪对 970 名中国科学院院士的背景资料进行统计分析后发现，中国科技精英的成长过程与美国的诺贝尔奖获得者具有类似的特征，中国科学院院士在成长阶段受到良好的家庭文化和学习传统的熏陶，教育阶段求学名校、师从名师且大多具有海外求学的经历，同时中国科技人才具有强烈的爱国主义情结。⑥白春

---

① FALLICK B, FLEISCHMAN C A, REBITZER J B. Job-hopping in Silicon Valley: some evidence concerning the microfoundations of a high-technology cluster [J]. The review of economics and statistics, 2006, 88(3):472 – 481.
② WALZ U. Innovation, foreign direct investment and growth [J]. Economica, 1997, 64(253): 63 – 79.
③ SAXENIAN A. Silicon Valley's new immigrant entrepreneurs [M]. Santa Cruz: University of California, 2000.
④ ZUCKERMAN H. Scientific elite: Nobel laureates in the United States [M]. Missouri: Transaction Publishers, 1977.
⑤ COLE J R, COLE S. Social Stratification in Science [J]. American journal of physics, 1974, 42(10):923 – 924.
⑥ CAO C. China's scientific elite [M]. New York: Routledge, 2004.

礼等认为科技人才的成长取决于自身素质和环境条件的相互作用。①科技人才具备的思想道德品质、专业知识与文化素质、身体与心理素质以及科技人才身处的制度环境和文化环境等外部条件共同作用于科学家的成长。

二、人才科研合作的相关研究

在知识流动日益频繁的今天,科研合作的研究不断涌现。科研合作的方式有多种多样,如共同完成项目、专利及论文的合作、技术转让、联合培养人才、人员交流、共建研究基地等,这些方式都会产生知识溢出。②从科研成果来看,科研合作最直观的表现形式就是论文合著现象。③④因此,基于合著论文关系信息构建的不同类型的科研网络得到了学界广泛的关注。从文献知识共现的角度来看,共现的字段主要集中于作者、机构、学科、地点等。所以,大家普遍从作者合作网络、机构合作网络、学科合作网络和区域合作网络等角度研究科研合作网络。

作者合作网络方面,已有研究揭示了高产科学家是科研合作最为活跃的群体⑤,个体视角下作者合作网络存在明显的群聚性、小世界性和等级层次性。⑥⑦⑧机构合作网络方面,科学家的科研单位可以被划分为不同类型,如高校、科研院所、政府、学术团体、企业、医院等。诸多研究均发现科研院所和

---

① 白春礼. 杰出科技人才的成长历程——中国科学院科技人才成长规律研究[M]. 北京:科学出版社,2007.

② 李丹丹,汪涛,魏也华,等. 中国城市尺度科学知识网络与技术知识网络结构的时空复杂性[J]. 地理研究,2015,34(3):525-540.

③ KATZ J S, MARTIN B R. What is research collaboration? [J]. Research policy, 1997, 26(1):1-18.

④ NEWMAN M E. Coauthorship networks and patterns of scientific collaboration [J]. Proceedings of the national academy of sciences, 2004, 101(1):5200-5205.

⑤ HARANDE Y I. Author productivity and collaboration: an investigation of the relationship using the literature of technology [J]. Libri, 2001, 51(2):124-127.

⑥ ABBASI A, CHUNG K S K, HOSSAIN L. Egocentric analysis of co-authorship network structure, position and performance [J]. Information processing & management, 2012, 48(4):671-679.

⑦ GIRVAN M, NEWMAN M E. Community structure in social and biological networks [J]. Proceedings of the national academy of sciences, 2002, 99(12):7821-7826.

⑧ PAO M L. Global and local collaborators: a study of scientific collaboration [J]. Information processing & management, 1992, 28(1):99-109.

高校在机构合作网络中扮演着重要的角色，其中国内外的一流高校在科研合作中的作用格外突出。[①②③] 学科合作网络方面，跨学科的科研合作可以取得突破性的成就，已有研究发现在学科合作过程中基础学科位于主导地位。[④⑤]

地理学者从不同的空间尺度对科研合作网络展开研究，探讨了城市、区域、国家间的科研合作情况，揭示了论文合作网络的拓扑结构、等级层次结构以及空间集聚性特征。[⑥⑦]马海涛等研究发现中国城市科学合作网等级结构突出，北京为整个网络的核心，大多数省级城市分布在网络的第二和第三层次；网络符合无标度规则，区域集聚特征明显；中国西部、东部和中部区域之间的连通性也存在差异。[⑧]而在跨国科研交流与合作层面，国际科学合作网络一直是由一个核心群体主导[⑨⑩]，有清晰的核心-外围结构的网络。[⑪]Zitt等指出法国、德国、日本、英国和美国是1986至1996年的五大科学国家。[⑫]桂钦昌等研究

---

① ADAMS J, LOACH T. A well-connected world: the small but focused snapshot of research afforded by the nature index helps fine-tune analysis of global scientific collaboration [J]. Nature, 2015, 527(7577):58.

② MURIITHI P, HORNER D, PEMBERTON L, et al. Factors influencing research collaborations in Kenyan universities [J]. Research policy, 2018, 47(1):88 - 97.

③ SONNENWALD D H. Scientific collaboration [J]. Annual review of information science and technology, 2007, 41(1):643 - 681.

④ BRONSTEIN L R. A model for interdisciplinary collaboration [J]. Social work, 2003, 48(3):297 - 306.

⑤ SCHOON I. Let's work together: towards interdisciplinary collaboration [J]. Research in human development, 2015, 12(3 - 4):350 - 355.

⑥ DE PRATO G, NEPELSKI D. Global technological collaboration network: network analysis of international co-inventions [J]. The journal of technology transfer, 2014, 39(3):358 - 375.

⑦ GUI Q, LIU C, DU D. The structure and dynamic of scientific collaboration network among countries along the Belt and Road [J]. Sustainability, 2019, 11(19):5187.

⑧ HAITAO M A, CHUANGLIN F, SAINAN L, et al. Hierarchy, clusters, and spatial differences in Chinese inter-city networks constructed by scientific collaborators [J]. Journal of geographical sciences, 2018, 28(12):1793 - 1809.

⑨ LEYDESDORFF L, WAGNER C S. International collaboration in science and the formation of a core group [J]. Journal of informetrics, 2008, 2(4):317 - 325.

⑩ LEYDESDORFF L, WAGNER C, PARK H W, et al. International collaboration in science: The global map and the network [J]. ArXiv preprint arXiv:1301.0801, 2013, 22:94 - 97.

⑪ CHEN Z, GUAN J. The core-peripheral structure of international knowledge flows: evidence from patent citation data [J]. R&D management, 2016, 46(1):62 - 79.

⑫ ZITT M, BASSECOULARD E, OKUBO Y. Shadows of the past in international cooperation: Collaboration profiles of the top five producers of science [J]. Scientometrics, 2000, 47(3):627 - 657.

了 2000—2015 年间国际科学合作网络的结构、动态和决定因素,指出美国、英国、德国、法国和加拿大等传统科学强国在网络中依然占据了中心位置。①

自法国邻近动力学派提出"多维邻近性"概念以来②,邻近性机制逐渐被用来探讨科研合作网络的驱动机制。已有研究发现,地理邻近性、社会邻近性、组织邻近性、制度邻近性、认知邻近性会影响研究者之间知识的共享、交流和学习。③地理邻近性对科研合作的影响是学者普遍关注的焦点。Hoekman 等采用重力模型实证了地理邻近性和制度邻近性对欧洲区域的科研合作具有显著的正向作用。④汪涛等发现地理邻近和组织邻近的相互作用共同推动着生物技术知识网络空间结构的演化。⑤伴随着现代技术的发展,有些学者研究发现地理距离对科研合作的影响逐渐变弱,社会邻近性和组织邻近性的作用则不断加强。⑥⑦还有研究表明,研究主体间地理距离在科研合作网络中的作用并未降低,反而在加强。⑧⑨⑩总之,在科研合作过程中每个邻近维度的相对重要性取决于研究主体所

---

① GUI Q, LIU C, DU D. Globalization of science and international scientific collaboration: a network perspective [J]. Geoforum, 2019, 105:1 – 12.
② BUNNELL T G, COE N M. Spaces and scales of innovation [J]. Progress in human geography, 2001, 25(4):569 – 589.
③ 刘承良,桂钦昌,段德忠,等. 全球科研论文合作网络的结构异质性及其邻近性机理 [J]. 地理学报, 2017, 72 (4): 737 – 752.
④ HOEKMAN J, FRENKEN K, VAN OORT F. The geography of collaborative knowledge production in Europe [J]. The annals of regional science, 2009, 43(3):721 – 738.
⑤ 汪涛, HENNEMANN STEFAN, LIEFNER INGO, 等. 知识网络空间结构演化及对 NIS 建设的启示——以我国生物技术知识为例 [J]. 地理研究, 2011, 30 (10): 1861 – 1872.
⑥ AGRAWAL A, KAPUR D, MCHALE J. How do spatial and social proximity influence knowledge flows? Evidence from patent data [J]. Journal of urban economics, 2008, 64(2):258 – 269.
⑦ LI D, WEI Y D, WANG T. Spatial and temporal evolution of urban innovation network in China [J]. Habitat international, 2015, 49:484 – 496.
⑧ MA H, FANG C, PANG B, et al. The effect of geographical proximity on scientific cooperation among Chinese cities from 1990 to 2010 [J]. PloS one, 2014, 9(11):e111705.
⑨ PONDS R, VAN OORT F, FRENKEN K. The geographical and institutional proximity of research collaboration [J]. Papers in regional science, 2007, 86(3):423 – 443.
⑩ 林晓,徐伟,杜德斌,等. 上海市风险投资企业的空间分布与"技术-资本"地理邻近性 [J]. 地理学报, 2019, 74 (6): 1112 – 1130.

生产的知识类型，其不是一成不变的。①②此外，现有研究发现科研合作的因素还包括科研人数规模、经济规模、科研创新能力、共同语言、网络地位等。③④⑤⑥

三、人才流动与知识流动相互作用的研究

经济增长理论认为区域经济增长取决于资本、技术、人力资本和制度因素。其中，资本、技术和人力资本可以被视为区域经济发展所依赖的关键要素。⑦⑧内生增长理论认为内生技术进步是确保经济增长的决定性因素，区域技术进步主要依赖于自主创新以及技术引进。⑨⑩人力资本理论认为，人力资本越高，流动障碍越小。⑪在市场经济和劳动力自由流动的条件下，人力资本越来越集中在国家和地区中心以及大都市地区。⑫吸收能力理论认为一个地区的人力资本存量决定了该地区识别、吸收和应用新知识的能力，从而影响其创新产出。⑬

---

① ADDY N, DUBÉ L. Addressing complex societal problems: enabling multiple dimensions of proximity to sustain partnerships for collective impact in Quebec [J]. Sustainability, 2018, 10(4):980.

② DAVIDS M, FRENKEN K. Proximity, knowledge base and the innovation process: towards an integrated framework [J]. Regional studies, 2018, 52(1):23-34.

③ GRUBESIC T H, MATISZIW T C, ZOOK M A. Global airline networks and nodal regions [J]. Geo journal, 2008, 71(1):53-66.

④ GUI Q, LIU C, DU D. International knowledge flows and the role of proximity [J]. Growth and change, 2018, 49(3):532-547.

⑤ JÖNS H, HOYLER M. Global geographies of higher education: the perspective of world university rankings [J]. Geoforum, 2013, 46:45-59.

⑥ 刘承良, 管明明, 段德忠. 中国城际技术转移网络的空间格局及影响因素 [J]. 地理学报, 2018, 73 (8): 1462-1477.

⑦ BATHELT H, MALMBERG A, MASKELL P. Clusters and knowledge: local buzz, global pipelines and the process of knowledge creation [J]. Progress in human geography, 2004, 28(1):31-56.

⑧ FAN F, LIAN H, LIU X, et al. Can environmental regulation promote urban green innovation efficiency? An empirical study based on Chinese cities [J]. Journal of cleaner production, 2021, 287:125060.

⑨ GRIMALDI M, HANANDI M. Evaluating the intellectual capital of technology transfer and learning public services [J]. International journal of engineering business management, 2013, 5(Godište 2013):5-7.

⑩ GROSSMAN G M, HELPMAN E. Endogenous innovation in the theory of growth [J]. Journal of economic perspectives, 1994, 8(1):23-44.

⑪ FAGGIAN A, LI Q, WRIGHT R. Graduate migration flows in Scotland [J]. Fraser of Allander economic commentary, 2009, 33(1):35-42.

⑫ DI CINTIO M, GRASSI E. Internal migration and wages of Italian university graduates [J]. Papers in regional science, 2013, 92(1):119-140.

⑬ LUND VINDING A. Absorptive capacity and innovative performance: a human capital approach [J]. Economics of innovation and new technology, 2006, 15(4-5):507-517.

区域内的人力资本利用区域知识存量来识别、理解、传播和创造性地应用区域内外的新知识，而人力资本存量的缺乏可能导致该地区学习和内化新知识的能力低下，从而阻碍创新活动。①作为专业知识和技术的载体，人力资本往往与其他创新要素相结合，在创新活动中发挥作用。②在知识溢出方面，学者基于空间具有溢出效应的假设，采用了基于空间计量经济学的知识生产函数，该方法被视为捕捉空间溢出效应的有力工具。③④⑤此外，社会网络分析技术是一种非常有效的分析工具，可以揭示网络溢出效应的结构和动态。⑥⑦

科研人员在区域创新和知识发展中发挥着日益重要的作用。⑧⑨与其他技术娴熟的人才一样，科学家在区域间具有高度的流动性⑩⑪，他们的流动可能涉及知识和专业知识的大量转移。区域间的科学家流动在学术界被视为一种正常现象。⑫⑬科

---

① GIULIANI E. Cluster absorptive capacity: Why do some clusters forge ahead and others lag behind? [J]. European urban and regional studies, 2005, 12(3):269-288.
② AUDRETSCH D B, FELDMAN M P. R&D spillovers and the geography of innovation and production [J]. The American economic review, 1996, 86(3):630-640.
③ BASILE R, MÍNGUEZ R. Advances in spatial econometrics: parametric vs. semiparametric spatial autoregressive models [J]. The economy as a complex spatial system, 2018:81-106.
④ CHARLOT S, CRESCENZI R, MUSOLESI A. Econometric modelling of the regional knowledge production function in Europe [J]. Journal of economic geography, 2015, 15(6):1227-1259.
⑤ Ó HUALLACHÁIN B, LESLIE T F. Rethinking the regional knowledge production function [J]. Journal of economic geography, 2007, 7(6):737-752.
⑥ BRESCHI S, LENZI C. The role of external linkages and gatekeepers for the renewal and expansion of US cities' knowledge base, 1990—2004 [J]. Regional studies, 2015, 49(5):782-797.
⑦ LIU C, XU J, ZHANG H. Competitiveness or complementarity? A dynamic network analysis of international agri-trade along the Belt and Road [J]. Applied spatial analysis and policy, 2020, 13(2):349-374.
⑧ BABA Y, SHICHIJO N, SEDITA S R. How do collaborations with universities affect firms' innovative performance? The role of "Pasteur scientists" in the advanced materials field [J]. Research policy, 2009, 38(5):756-764.
⑨ FURUKAWA R, GOTO A. Core scientists and innovation in Japanese electronics companies [J]. Scientometrics, 2006, 68(2):227-240.
⑩ ALLISON P D, LONG J S. Interuniversity mobility of academic scientists [J]. American sociological review, 1987:643-652.
⑪ FRANZONI C, SCELLATO G, STEPHAN P. Foreign-born scientists: mobility patterns for 16 countries [J]. Nature biotechnology, 2012, 30(12):1250-1253.
⑫ CZAIKA M, ORAZBAYEV S. The globalisation of scientific mobility, 1970-2014 [J]. Applied geography, 2018, 96:1-10.
⑬ MEYER J B, KAPLAN D, CHARUM J. Scientific nomadism and the new geopolitics of knowledge [J]. International social science journal, 2001, 53(168):309-321.

学家在流动过程中把知识带到其他地方,同时在新的地方获得新的知识,从而促进新的知识组合。[1][2][3]如果知识不通过公开出版的刊物等其他渠道进行交流,科学家流动对知识流动的作用尤其重要。[4]

  一些学者认为高水平科技人才的流动是知识流动的核心机制。[5][6][7]从科技人才流动的地理空间来看,已有的实证研究揭示了科技人才在区域间流动对知识流动的重要性。当地公司和大学之间的科技人才流动被视为地方知识流动的核心机制[8][9],支撑着高技术区域的持续发展。如今,高技术产业人才流动的规模和尺度不断扩展,产业内流动、区域间流动、产业间流动以及国际流动的频次和人数不断拓展。其中,高技能科技人才、管理人才和工程师的流动更加突出。[10][11][12]顶尖科学家的空间流动可以有效地促进尖端科学、先进技术和管理经验在区域间的流动和扩散。已有文献表明人才的流动不是单向的知识外流,其本质上是多重复杂的知识环流的现象,人才的流动可以促进人才流出地和人

---

[1] ACKERS L. Promoting scientific mobility and balanced growth in the European research area [J]. Innovation, 2005, 18(3):301-317.

[2] JÖNS H. "Brain circulation" and transnational knowledge networks: studying long-term effects of academic mobility to Germany, 1954—2000 [J]. Global networks, 2009, 9(3):315-338.

[3] TRIPPL M. Scientific mobility and knowledge transfer at the interregional and intraregional level [J]. Regional studies, 2013, 47(10):1653-1667.

[4] LAUDEL G. Studying the brain drain: Can bibliometric methods help? [J]. Scientometrics, 2003, 57(2):215-237.

[5] DÖRING T, SCHNELLENBACH J. What do we know about geographical knowledge spillovers and regional growth?: A survey of the literature [J]. Regional studies, 2006, 40(03):375-395.

[6] MØEN J. Is mobility of technical personnel a source of R&D spillovers? [J]. Journal of labor economics, 2005, 23(1):81-114.

[7] ROSENKOPF L, ALMEIDA P. Overcoming local search through alliances and mobility [J]. Management science, 2003, 49(6):751-766.

[8] KEEBLE D, WILKINSON F. High-technology clusters, networking and collective learning in Europe [M]. London: Routledge, 2017.

[9] SAXENIAN A. Regional advantage [M]. Cambridge, MA.: Harvard University press, 1996.

[10] CASTLES S. International migration at the beginning of the twenty-first century: global trends and issues [J]. International social science journal, 2000, 52(165):269-281.

[11] CHOUDAHA R, CHANG L. Trends in international student mobility [J]. World education news & reviews, 2012, 25(2):1-12.

[12] ZLOTNIK H. Trends of international migration since 1965: What existing data reveal [J]. International migration, 1999, 37(1):21-61.

才流入地的知识交流和知识重组,催生新的知识,这导致人才流出地和人才流入地之间共享人才流动带来的好处。①这一认识挑战了科技人才流动带来的后果是"人才流失"和"人才回归"的传统认知,采用"人才循环"来描述人才流动带来的现实效应似乎更加合理。②③相对于人才的长期迁移,科技人员的短期流动更加频繁,高端科技人员的回国热潮日益盛行。④⑤现有研究表明,人才的流动不单单对人才流入地具有重要的知识溢出效应,同时人才的流出地也可以从顶尖科技人才的流动中获得收益,人才返回原籍可以带来显著的知识溢出。即使这些高技术人才不返回原籍,其与原籍地建立起来的人际关系网络也是知识流动的主要通道。⑥⑦Kerr 研究发现,在美国的其他国家的科技人才和创业团体对向本国转让国际先进技术具有重要的作用⑧,其中知识流动的重要渠道就是人才流出地和人才流入地之间科技人才保持和建立起来的社会联系。⑨⑩Jöns基于来自93个国家的1 800多名访问学者的原始调查数据认为,人才流动是开展随后学术交流和合作的重要的原始积累过程,其证明这种科学家流动导致了

---

① KERR W R. Ethnic scientific communities and international technology diffusion [J]. The review of economics and statistics, 2008, 90(3):518-537.
② SAXENIAN A. From brain drain to brain circulation: Transnational communities and regional upgrading in India and China [J]. Studies in comparative international development, 2005, 40(2):35-61.
③ TUNG R L. Brain circulation, diaspora, and international competitiveness [J]. European management journal, 2008, 26(5):298-304.
④ BARUFFALDI S H, LANDONI P. Return mobility and scientific productivity of researchers working abroad: The role of home country linkages [J]. Research policy, 2012, 41(9):1655-1665.
⑤ WILLIAMS A M, BALÁŽ V, WALLACE C. International labour mobility and uneven regional development in Europe: human capital, knowledge and entrepreneurship [J]. European urban and regional studies, 2004, 11(1):27-46.
⑥ ACKERS L. Moving people and knowledge: Scientific mobility in the European Union [J]. International migration, 2005, 43(5):99-131.
⑦ GILL B. Homeward bound? The experience of return mobility for Italian scientists [J]. Innovation, 2005, 18(3):319-341.
⑧ KERR W R. Ethnic scientific communities and international technology diffusion [J]. The review of economics and statistics, 2008, 90(3):518-537.
⑨ AGRAWAL A, COCKBURN I, MCHALE J. Gone but not forgotten: knowledge flows, labor mobility, and enduring social relationships [J]. Journal of economic geography, 2006, 6(5):571-591.
⑩ COEY C. International researcher mobility and knowledge transfer in the social sciences and humanities [J]. Globalisation, societies and education, 2018, 16(2):208-223.

后来的学术活动和学术合作,其将德国与来访的研究人员的母国联系起来,这一过程加速了第二次世界大战后德国重新融入国际科学体系的步伐。①总之,已有文献普遍认为人才流动可以有效地促进知识的流动,但这一过程是一个复杂的现象。②③④⑤

  作为知识的重要载体,人才在空间、组织和机构中的流动会促进知识的流动,这一点已经得到了众多学者的证实。同时,科技中心的形成过程将吸引新的人才流动。⑥例如,拥有世界一流大学和优质高等教育资源的城市吸引了来自世界各地的留学生⑦,拥有众多高科技企业的城市也聚集了大量的科技人才。高技术产业的发展与区域科技人才的集聚相互驱动、互相作用。⑧⑨

第三节 国内外研究评述

  在世界经济由要素驱动向创新驱动转变的背景下,人才已经成为国家和地区稀缺的资源和重要的创新要素,人才的相关问题已经成为学者们的研究热

---

① JÖNS H, HOYLER M. Global geographies of higher education: the perspective of world university rankings [J]. Geoforum, 2013, 46:45 – 59.
② BELL G G, ZAHEER A. Geography, networks, and knowledge flow [J]. Organization science, 2007, 18(6):955 – 972.
③ DE RASSENFOSSE G, SELIGER F. Sources of knowledge flow between developed and developing nations [J]. Science and public policy, 2020, 47(1):16 – 30.
④ OETTL A, AGRAWAL A. International labor mobility and knowledge flow externalities [J]. Journal of international business studies, 2008, 39(8):1242 – 1260.
⑤ SORENSON O, RIVKIN J W, FLEMING L. Complexity, networks and knowledge flow [J]. Research policy, 2006, 35(7):994 – 1017.
⑥ FALK J H, NEEDHAM M D. Measuring the impact of a science center on its community [J]. Journal of research in science teaching, 2011, 48(1):1 – 12.
⑦ HOU C, FAN P, DU D, et al. Does international student mobility foster scientific collaboration? Evidence from a network analysis [J]. Compare: a journal of comparative and international education, 2020:1 – 18.
⑧ COLLINGS D G, MELLAHI K, CASCIO W F. Global talent management and performance in multinational enterprises: a multilevel perspective [J]. Journal of management, 2019, 45(2):540 – 566.
⑨ GLASMEIER A. Factors governing the development of high tech industry agglomerations: a tale of three cities [J]. Regional studies, 1988, 22(4):287 – 301.

点。然而，当前学界还未对"人才"的概念进行清晰的界定①，研究对象较为宽泛与笼统。一些学者把高校毕业生②、留学生③甚至农民工④视为人才，这样的观点有待商榷。近年来，随着人才之于创新的重要作用已成为共识，现有对人才的研究主要集中在科学家精英上。三类科学家精英在研究中较为常见：第一，国际著名科技奖励获得者（如诺贝尔科学奖、沃尔夫奖、图灵奖等）；第二，国际权威科学院院士（如美国国家科学院、中国科学院、英国皇家学会、法国科学院等）；第三，科技论文的作者，如高被引科学家、某一科学领域期刊的作者。⑤现有对中国科学家精英的研究主要集中在院士团队⑥、长江学者⑦、国家杰青和国家千人⑧等群体。地理学关注科技人才的空间分布和空间流动规律。目前，科学家的空间分布和流动已经从理论研究发展到实证分析，主要包括科学家的地理分布、流动特征、影响因素及驱动机制以及科学家集聚和流动产生的空间效应等。

综合当前文献发现：第一，一个国家的高端科技人才，在人才培养、技术创新、科研引领、国家战略等方面发挥着至关重要的作用，但囿于对人才内涵未形成统一认识，当前文献对人才的研究较为宽泛，聚焦于中国高端科学家的研究较为少见。第二，揭示人才空间分布规律首先要研究人才空间位移的基本

---

① 张波. 国内高端人才研究：理论视角与最新进展 [J]. 科学学研究，2018，36 (8)：1414 - 1420.

②③ LACINA J G. Preparing international students for a successful social experience in higher education. [J]. New directions for higher education, 2002, 117:21 - 28.

④ KAUR B, SINGH J M, GARG B R, et al. Causes and impact of labour migration: A case study of Punjab agriculture [J]. Agricultural economics research review, 2011, 24(347-2016-16993):459 - 466.

⑤ 刘云. 基于数据挖掘的国际科技合作资源监测方法、技术及应用 [M]. 北京：科学出版社，2015.

⑥ 刘云，杨芳娟. 我国高端科技人才计划资助科研产出特征分析 [J]. 科研管理，2017, 38 (S1)：610 - 622.

⑦ 张建卫，王健，周洁，等. 高校高层次领军人才成长的实证研究 [J]. 科学学研究，2019, 37 (2)：235 - 244.

⑧ ZHOU Y, GUO Y, LIU Y. High-level talent flow and its influence on regional unbalanced development in China [J]. Applied geography, 2018, 91:89 - 98.

原理，但人才空间集聚的现有研究多集中于静态描述，缺乏动态视角，尤其结合网络视角研究科学家空间交互过程的文献较少。第三，随着科学技术的不断发展，科研成果的数量不断增加，顶端科学家对科研活动具有巨大的引领作用。但现有对中国科学家科研合作的研究主要集中在管理学和图书情报学等领域，从地理学角度系统地探究中国科学家科研合作网络复杂性的研究较少。第四，学者普遍认识到科技人才的流动是知识流动的核心机制，其产生的知识流动对区域创新具有深远的影响。但是，现有文献关于科学家的流动特别是中国科学家的流动对知识流动的实证研究较少，人才流动导致知识溢出的具体模式和途径需要学者们进一步探究。第五，人才的空间分布和迁移是多重复杂要素综合作用的结果，人才的空间集聚过程既有国家或区域宏观政策的调控、经济发展水平的驱动、科研教育水平的引导，同时在城市层面，城市生活环境、医疗条件、未来儿童的教育情况、家庭的收入情况等因素也作用于人才的流动决策。现有地理学关于人才的研究的空间尺度较大，人才空间的研究多数停留在国家尺度，城市尺度上人才空间分布、流动格局及空间效应的相关研究较少。

在现实地理空间中，人才集聚是一个动态非线性的、多要素交互的过程，存在多重复杂的流动现象和迁移特征，单一静态的研究方法无法揭示人才空间过程的全貌，也不能满足复杂多变的现实情况，因此亟须从动态的网络视角对科学家的空间迁移过程及其机理进行更为深入的剖析。同时，现实的人才分布情况表明，人才在空间单元上的差异不仅仅是洲、国家、省域之间的差异，人才的集聚其实是以城市为地域单元的，一国的人才大多集中在个别几个城市，这需要学者以城市为地域单元探究城市间人才的空间差异，以及城市的社会经济因素对人才集聚和流动的影响。鉴于此，以城市为地域单元，运用空间分析和社会网络等方法来描绘中国院士的空间分布、空间流动网络和科研活动情况具有一定的现实需要性。

随着科学技术的不断发展，科研成果的数量不断增加，顶端科学家对科研活动具有巨大的引领作用。通过梳理现有文献发现，对中国科学家科研合作的研究主要集中在管理学和图书情报学等领域，而从地理学角度系统地探究中国科学家科研合作网络复杂性的研究较少。鉴于此，本书基于院士在中国期刊全文数据库发表的科技论文构建的中国院士科研合作数据库，采用复杂网络分析方法，刻画中国院士科研合作网络，并在多维邻近性框架下分析中国院士科研合作的内在机制，能应对理论研究的现实需求。

由科学家流动而产生的知识流动，对参与这些过程的区域具有深远的影响。科学家流动取决于多种因素，国家政策、区域经济水平及教育水平和个人决策等都是科学家流动的重要动因。如今，关于科学家的流动特别是中国科学家的流动的实证研究较少[1][2][3]，对于杰出研究人员在地理空间上的流动掀起的区域知识流动的研究更少。因此，人才流动导致知识溢出的具体模式和途径需要学者们进一步探究。

---

[1] 周亮，张亚. 中国顶尖学术型人才空间分布特征及其流动趋势——以中国科学院院士为例 [J]. 地理研究，2019, 38 (7)：1749-1763.

[2] 李瑞，吴殿廷，鲍捷，等. 高级科学人才集聚成长的时空格局演化及其驱动机制——基于中国科学院院士的典型分析 [J]. 地理科学进展，2013, 32 (7)：1123-1138.

[3] SHI W, DU D, YANG W. The flow network of Chinese scientists and its driving mechanisms based on the spatial development path of CAS and CAE academicians [J]. Sustainability, 2019, 11(21):5938.

第三章 概念辨析与理论基础

第一节 核心概念辨析

一、人才

本书研究的对象是以两院院士为代表的中国科学家,其属于人才的基本范畴。因此,首先需要科学地解释人才的概念。人才在中国古代指的是德才兼备的人,其概念常与"贤""士""能"相结合。[①]在早期,国外对人才的表述大多为"gifted person"或"genius",指的是杰出的人才或天才;随着人才含义的不断扩大,现在对人才研究的相关英文文献偏向于用"talent"来指代人才。如今,人们对"人才"基本概念做出广泛讨论,主要包括以下几种认识:第一,以才能高下为标准来定义人才,认为拥有较高才能的人为人才;[②]第二,以杰出程度

[①] 叶忠海. 人才学基本原理研究 [M]. 北京:高等教育出版社,2009.

[②] 眭依凡. 高层次人才素质问题的研究 [J]. 江西师范大学学报:哲学社会科学版,1997 (4):119-124.

为标准来定义人才,认为人才的本质在于其杰出性;①第三,以价值为标准来定义人才,认为人才与常人的区别在于其价值的高低,认为人才的主要标志为其具有创造性;②第四,以学历、学位或职称为标准来定义人才,此定义有利于人才的统计,中国的统计材料普遍把具有高等教育经历以及具有某些头衔的人统称为人才;第五,从对社会的贡献程度来定义人才,人才具有区别于常人的创造能力,其创造出来的社会价值极大地推动了社会的发展,人才为人类的进步做出的贡献较大。③

综上所述,人们采用不同的标准来界定人才,其都有一定的合理性和可取之处,但关于人才的内涵表述得还不够全面。综合已有的研究,本文借用叶忠海对人才概念的界定,认为人才是指在一定的社会条件下,具有一定的知识和技能,并通过创造性劳动为社会发展或社会某些方面做出较大贡献的人。④人才的概念强调人才活动的创造性、开拓性和创新性;人才的概念强调其贡献性,即人才的活动对专门领域、全领域或全人类具有某种贡献;人才的概念强调其劳动的社会历史性,在不同的历史时期、不同的社会形态下,人才的劳动性、创造性和贡献的内涵是不尽相同的,不同历史时期人才的内涵是不尽相同的,评价人才的标准和要求也不同。人才内涵的科学界定应该强调人才的创造性、进步性和社会历史性的统一。

二、科技人才

科技人才是人才的特殊类型,是从事科学研究和技术工作的人才,其具有较高的科技创新能力,具有追求科学的精神,科技人才的创造性劳动为科学技术的进步和人类社会的发展做出贡献。⑤中国学者从科技人才的概念出发,认为

---

① 李维平. 对人才定义的理论思考 [J]. 中国人才,2010 (23):64-66.
② 詹泽慧,梅虎,麦子号,等. 创造性思维与创新思维:内涵辨析、联动与展望 [J]. 现代远程教育研究,2019 (2):40-49,66.
③ 叶忠海. 新编人才学通论 [M]. 北京:党建读物出版社,2013.
④ 叶忠海. 人才学基本原理研究 [M]. 北京:高等教育出版社,2009.
⑤ 向洪. 人才学辞典 [M]. 成都科技大学出版社,1987.

科技人才具有以下特点：第一，科技人才从事的社会活动与科学或技术有关；第二，科技人才具有一定的知识并掌握一定的专业技能；第三，科技人才的工作具有创造性；第四，科技人才从事的活动及创造出的成果对社会具有较大贡献。[1][2]

从不同的视角出发，人们对科技人才具有不同的理解。现有对科技人才的认识主要有以下几种：第一，有人认为科技精英才算得上科技人才，其主要为具有特定科技职称或具有某些科技称谓的人。这种认识对科技人才的理解比较狭义，突出了少数科技精英的作用，却忽视了科技人才队伍是一个完整群体，但其在统计时较为简单，对科技人才的理解具有象征性。第二，有人把是否受过学历教育作为评判科技人才的标准，获得相应科技专业学位证书的人为科技人才。这种认识把专业和学历作为评价科技人才的标准，认为科技人才是经过学历教育的人才，其一定程度上忽视了在实践中获得科学技能但没有取得学位的科技人才。第三，有人把科技人才认为是一种人力资源，是促进区域科技进步和经济发展的一种重要的保障。[3]

总之，科技人才是人才和科学技术的结合，其本质是人才的特殊类型，其具备人才的所有属性和特点。

三、科学家

《当代科学学辞典》将科学家定义为：以丰富而坚实的专业知识为基础，自觉运用科学研究方法，在不断地向未知领域进行探索性劳动过程中，取得了较高科研成果的科学技术工作者。依据此定义，可以看出科学家有如下特点：第一，具有扎实而丰富的专业科学知识；第二，掌握了严谨的科学研究方法；第三，具有追求科学真理的崇高意志；第四，以从事科学研究为主要任务并且

---

[1] 曹宏霞. 我国科技人才资源开发与管理的理论研究 [D]. 武汉：华中师范大学，2006.
[2] 韩文玲，韩洁. 从宏观角度分析北京市科技人才队伍现状 [J]. 科技管理研究，2010，30（3）：209-210，224.
[3] 杜谦，宋卫国. 科技人才定义及相关统计问题 [J]. 中国科技论坛，2004（5）：137-141.

在科学劳动中取得了新的发现。科学家工作的内容是多方面的，主要包括：第一，批判地继承人类历史上传承下来的科学知识；第二，培育新的科技人才，提升现有科技人才的知识水平；第三，总结人类在物质和精神生产过程中的经验和知识；第四，探究、发现人类现在还没有认识到的事物和规律。

可以发现，科学家是以脑力劳动和生产精神财富为主的高级生产劳动者，是一种杰出的科技人才。从概念来看，科学家一定是科技人才，但是科技人才不一定是科学家。

第二节 相关理论基础

一、人才成长的相关理论

研究人才成长和发展过程及其原理是人才研究的主要任务。在马斯洛提出的需要层次理论的基础上，克雷顿·奥尔德弗（Clayton Alderfer）提出了一种新的人本主义需要理论，即ERG理论。ERG理论认为，人们有三个层次的需求，分别是生存（Existence）的需要、关系（Relatedness）的需要和成长发展（Growth）的需要。从ERG理论来看，人才的成长发展是基本的需求，在生存和关系需求达到满足后会渴望自身的成长发展。[①]

人才都会经历不同的发展阶段，我国古代著名的教育家孔子就有"吾十有五而志于学，三十而立，四十而不惑，五十而知天命，六十而耳顺，七十而从心所欲，不逾矩"。孔子从学习和道德修养划分了个人及人才成长的不同阶段。心理学家多南德生将近代400多位伟人的创造活动年龄分为开始年龄、旺盛年龄、停止年龄三个时期。我国的学者把人才的成长发展划分为三个时期，分别为：求学时期、不出名时期（取得学位证书到出名前）、有名时期（出名后）。其中又把出名时期划分为寻求目标阶段、完成创造阶段、争取公认阶段。也有

---

① ALDERFER C P. An empirical test of a new theory of human needs [J]. Organizational behavior and human performance, 1969, 4(2):142-175.

学者从人才智力发展的角度将人才成长和发展阶段划分为萌芽期、继续期、创造期、成熟期、衰老期五个阶段。①

在人才的不同成长阶段,人才从事工作后的发展备受关注。职业发展理论的主要代表人物是美国学者金兹伯格(E. Ginzberg)和萨柏(D. Super),②③其主要的观点认为,在个人生活中,职业发展是一个长期连续的过程,并可以分为几个不同的阶段:美国职业管理学家萨柏认为职业发展是人生成长的一部分,把职业发展阶段划分为成长、探索、确定、维持和衰退五个阶段,每个阶段都有一定的发展任务;金兹伯格也是职业发展理论的先驱,他把人的职业选择划分为三个主要时期,分别是幻想期、尝试期、实现期。此外,美国心理学家格林豪斯(Greenhaus)针对不同阶段职业生涯面临的主要任务,形成了其职业生涯发展理论,认为职业生涯可以划分为职业准备期、进入组织期、职业生涯初期、职业生涯中期和职业生涯后期。可以看出,学者对职业发展理论的认识和职业生涯的划分存在一些区别,但这些理论都揭示了个人从兴趣、参与、熟练到衰退的基本规律。

二、人才流动的相关理论

关于人才流动的理论,国内外学者从不同的角度进行了不同的阐述。可以从个体层面、组织层面、社会层面对人才流动的相关理论进行归纳。④

在个体层面,人力资本理论关注劳动力的数量同时也关注劳动力的质量,认为人力资本是投资的产物,其包括医疗、教育和劳动力迁移。⑤⑥其中劳动力的迁移投资有利于适应劳动力市场调节机制,促进劳动力在地区间的余缺平衡和发挥劳动力的专长。劳动力的流动也可以实现医疗和教育投资所形成的人力

---

① 叶忠海. 人才学基本原理研究 [M]. 北京:高等教育出版社, 2009.
② 谌新民. 人力资源管理概论 [M]. 北京:清华大学出版社, 2005.
③ 彭剑锋. 人力资源管理概论 [M]. 上海:复旦大学出版社, 2003.
④ 王福波. 国内外人才流动理论研究综述 [J]. 重庆三峡学院学报, 2008 (2):118-122.
⑤ SCHULTZ T W. Investment in human capital: the role of education and of research [J]. 1971.
⑥ SCHULTZ T W. Investing in people: the economics of population quality [M]. Chicago: University of California Press, 1982.

资本的增值和实现。劳动力的流动不但可以影响到劳动力个体的收益，同时会对劳动力流动发生的地区产生影响。人力资源在不同的区域或不同的单位流动，个体在流动过程中获得的利益会放大。同时，获得人力资源的区域和失去人力资源的区域产生不同的区域效应，人力资源获得地会产生一系列的有益效应，而人力资源失去地相反。关于人才创造绩效的相关理论中，美国心理学家勒温（K. Lewin）提出的场理论认为，个体创造的绩效不仅与其能力和条件有关，还与其所处的环境（场）有关。如果个人所处的环境不利于个人业绩的发展，就很难发挥人才的创造能力，所取得的业绩也会大打折扣。同时如果一个人处于不利于自身发展的环境，且对现有的环境难以改变，此时个人会调整自己的环境，离开既有的环境去寻找适合自身创造价值的新环境，这就会产生人才的流动。所以，勒温的场理论是研究人才流动的重要理论。美国学者卡兹（Katz）通过对科研组织的调查统计，提出了组织寿命理论。他发现一个组织的寿命长短和创造能力与组织内员工间的信息交流沟通和员工获得的成果有密切关系，而成员间的信息沟通和获得成果的多少与其加入组织的时间有关。卡兹通过研究绘出了一条组织寿命曲线，即卡兹曲线。组织内部成员之间的信息交流较强，产出成果较多的时间范围是一起工作 1.5～5 年。成员在一起工作的时间短于 1.5 年，组织成员还在磨合期，信息交流的通道还没有完全畅通，成员间的交流频次较低。成员在一起工作的时间长于 5 年，组织成员之间个体的思想、知识和技能趋于同质化，个体之间交流的意愿降低。所以，卡兹的组织寿命理论认为一个组织和生命体一样也有成长、成熟、衰退的过程。一个组织维持存活及活力的办法就是老员工的退出和新员工的流入。组织寿命理论从组织保持活力的角度论证了人才流动的重要性。①②日本学者中松义郎在《人际关系方程式》中提出目标一致理论，指出在组织劳动过程中，只有个体和组织群

---

① JAWAHAR I M, MCLAUGHLIN G L. Toward a descriptive stakeholder theory: an organizational life cycle approach [J]. Academy of management review, 2001, 26(3):397-414.

② 李圣鑫. 两种组织形式的生命周期及其研究意义 [J]. 南京师大学报（社会科学版），2006(5)：49-55.

体的努力方向一致的时候，个体的能力才能最大化地发挥出来，组织的整体水平也随之提升。实现个人和组织目标一致的主要途径有以下两种：第一是个体的志向和兴趣等追求的目标主动靠拢组织的集体目标；第二是个人变换工作单位，即通过人才流动实现和新工作单位目标一致的初衷。美国学者库克（Kuck）基于应届毕业研究生的研究提出库克曲线，其从人才创新的角度论述了人才流动的必要性。库克理论认为一个科技人才在一个单位工作发挥较大创造力的周期大约为四年，较为频繁的工作流动可以开阔人才的思路，激发人才的创造力，不断找到适合自身的工作，明确自己的定位。库克理论表明研究人员通过变换研究课题和研究部门，即人才的流动可以促进人才的创造力，但是对于人才工作单位而言是严重的资源流失。[1]以上几种关于人才流动的理论主要是基于人才个体的微观角度分析人才流动的必要性，是从人才发展及实现自我价值和激发人才创造力的角度进行分析的。

组织层面上，美国学者马奇和西蒙提出了企业员工流失的"参与者决策"模型，此模型亦称为马奇和西蒙模型。马奇和西蒙模型从劳动力市场和个体行为来研究人才流失问题。马奇和西蒙模型将劳动力市场和行为变量引入员工流失的过程中，为以后研究员工流动奠定了坚实的理论基础。[2]在回顾员工流失相关文献的基础上，普莱斯构建了以员工满意度和个人工作选择机会为中介变量的员工流动模型。该模型指出了影响员工流失的五个因素：薪酬、融合性、工具性沟通、正式沟通以及集权化。他的研究发现，个人工作选择的机会越多，员工的流动性就越强，当员工对当前工作的满意度下降时，员工流失的可能性就会增强。该模型把企业因素和员工自身因素都纳入员工流动的影响因素中，且讨论了变量之间的因果关系。[3]莫布雷中介链模型发现在员工对工作满意度和个人流动之间，还有一些中间步骤。该模型认为员工离职是从对现有工作的评

---

[1] 胡瑞. 基于库克理论的 80 后知识员工流失危机预警与对策 [D]. 燕山大学，2010.
[2] 丁丽珉. M 物流公司人员流失问题研究 [D]. 南京邮电大学，2019.
[3] 王文俊. 国外员工流失模型之研究 [J]. 经济师，2010（11）：225–227.

价,对现有工作的满意或不满意的认知开始的。如果他们不满意当前的工作,他们会萌生换工作的想法,试着找一份新工作,把新工作和现有工作进行比较,最后决定是否更换工作。①

人才流动是社会化的必然产物,生产资料和劳动力不断地趋于专业化,市场机制的调节作用突显。英国经济学家配第(Petty)在其著作《政治算术》中描述了产业间相对收入的差异性,认为制造业比农业的收入高,商业比制造业的收入高。②英国经济学家克拉克(Clark)在《经济进步的条件》一书中,通过对不同时期不同国家的三大产业的投入和产出进行比较,指出随着整个社会人均收入水平的提高,劳动力由第一产业向第二产业转移,社会收入水平达到一定程度后劳动力会向第三次产业转移。③理论界习惯将配第和克拉克二人的研究结论统称为"配第-克拉克定律",这一定律现今对产业结构调整和人才流动仍然有重要的指导意义。人才结构调整理论认为一国人才资源总量可以划分为人才资源存量和人才资源增量两部分。人才资源存量是作为人才并被统计显示的人才总体数量;人才资源增量是指一定时间段内培养或引进新增人才的资源数量。总之,人才资源总量是已存在的,人才资源增量是新增加的。按人才类型的划分,每年完成高等教育进入社会的毕业生就是人才资源增量。根据人才结构调整理论,通过培训、深造、继续教育等方式,可以改变原有的人才类型,从而不断适应社会经济发展的需要;同时,培养人才的机构通过调整专业设置和培养标准,可以培养适合时代变化的新增人才,最终做到人才存量与增量相互补充,使社会中人才的数量和质量不断适应社会经济发展的需要。④一些学者还引入了"边际劳动生产率"的概念,提出了效率性人才流动理论。以边

---

① 张恩娟. 基于莫布雷中介链模型的民办高校教师流失问题研究 [J]. 西南农业大学学报(社会科学版) 2011, 9 (11): 224-225.

② MCLEOD P. McMaster University Archive for the History of Economic Thought [J]. Reference reviews, 2014.

③ CLARK C. The conditions of economic progress [M]. London: MacMillan Co. Ltd., 1940.

④ 王通讯. 人才结构调整的理论 [J]. 继续教育与人事, 2001 (10): 4.

际劳动生产率为依据，做出相应的人才配置决策。如果边际劳动生产率下降，可以通过人才流动缓解现状，否则社会效益就会下降。边际劳动生产率低的单位应当鼓励人才外流，边际劳动生产率高的单位应当吸收人才流入。①②

从地理视角出发，劳动力迁移与流动已积累的丰富理论和实证经验为探究人才空间流动的影响因素提供了借鉴，如雷文斯坦迁移规律、推拉理论、泽林斯基迁移假说、二元劳动力市场理论、人力资本积累理论和移民网络理论等。综合已有研究发现，劳动力流动的影响因素主要分为个体因素、家庭因素、经济因素、流动中间因素及国家政策层面等因素，各种要素之间的边界是模糊的，交织在一起，相互融合、综合作用。③④⑤⑥

"推拉理论"认为人口迁移受众多因素影响，有一系列的因素将移民们从某一个地区"推"出去，而其他一系列因素将移民们"拉"进另外一个地区。⑦拉力因素包括工作机会、更好的生活条件、医疗条件、政治环境等。其中，经济因素是导致人口迁移的主要原因，Ravenstein 提出的迁移理论就发现农村地区的人比城镇的人迁移得更多，移民通常会迁移到经济发达的商业和工业中心⑧；Frey 提出的"移民门户城市"⑨以及 Sassen 的"全球城市假说"⑩也

---

① 王福波. 国内外人才流动理论研究综述 [J]. 重庆三峡学院学报，2008 (2)：118 - 122.
② 汪伟，刘玉飞，徐炎. 劳动人口年龄结构与中国劳动生产率的动态演化 [J]. 学术月刊，2019，51 (8)：48 - 64.
③ SHI W, DU D, YANG W. The flow network of Chinese scientists and its driving mechanisms based on the spatial development path of CAS and CAE academicians [J]. Sustainability, 2019, 11(21):5938.
④ BAILEY A J, WRIGHT R A, MOUNTZ A, et al. (Re) producing Salvadoran transnational geographies [J]. Annals of the Association of American Geographers, 2002, 92(1):125 - 144.
⑤ GOSS J, LINDQUIST B. Conceptualizing international labor migration: a structuration perspective [J]. International migration review, 1995, 29(2):317 - 351.
⑥ MUELLER E J. American dreaming: immigrant life on the margins [J]. International migration review, 1997, 31(1):191 - 192.
⑦ LEE E S. A theory of migration [J]. Demography, 1966, 3(1):47 - 57.
⑧ RAVENSTEIN E G. The laws of migration [J]. Journal of the statistical society of London, 1885, 48(2):167 - 235.
⑨ FREY W. Emerging Demographic Balkanization: toward one America or two [J]. Ann Arbor: population study center, 1998.
⑩ SASSEN S. The global city: introducing a concept [J]. Brown J. World Aff., 2004, 11:27.

说明了劳动力迁移与充满经济活力的大城市之间具有密切的关系。众多实证研究结论,如北美和西欧是世界各类人才的主要集聚地[1],中国尖端人才涌向东南沿海城市[2][3],均说明劳动力流动格局主要是由经济欠发达地区向经济发达地区的异地流动。推力因素可以是快速的人口增长、贫困、政治局势、战争以及类似于资源枯竭等的"环境危机"。[4]Zelinsky提出了迁移转型假说[5],认为在发达的后工业社会及高度发达的社会时期,城市之间以及城市群内部的人口迁移及地区之间高技能移民和专业人士的循环迁移主要是受经济因素或舒适因素驱动[6],环境舒适度一定程度上能够补偿经济机会的不足,成为城市吸引人才的重要变量[7][8][9]。中国城市之间的人口迁移对空气污染逐渐表现出敏感性,空气污染增加了当地人口迁移的可能性。[10][11]

二元劳动力市场理论主要从经济角度说明劳动力流动利于缩小城乡差距。该理论认为驱动迁移的并非迁出地的"推动因素",而主要是迁入地的"拉动

---

[1] VERGINER L, RICCABONI M. Talent goes to global cities: the world network of scientists' mobility [J]. Research policy, 2021, 50(1):104-127.

[2] ZHOU Y, GUO Y, LIU Y. High-level talent flow and its influence on regional unbalanced development in China [J]. Applied geography, 2018(91):89-98.

[3] SHI W, DU D, YANG W. The flow network of Chinese scientists and its driving mechanisms based on the spatial development path of CAS and CAE academicians [J]. Sustainability, 2019, 11(21):5938.

[4] HAMILTON L C, COLOCOUSIS C R, JOHANSEN S T. Migration from resource depletion: the case of the Faroe Islands [J]. Society & natural resources, 2004, 17(5):443-453.

[5] ZELINSKY W. The hypothesis of the mobility transition [J]. Geographical review, 1971, 61(2):219-249.

[6] CHAMPION A G. Counterurbanization in Britain [J]. The geographical journal, 1989, 155(1):52-59.

[7] TRIPPL M. Scientific mobility and knowledge transfer at the interregional and intraregional level [J]. Regional studies, 2013, 47(10):1653-1667.

[8] GLAESER E L, RESSEGER M G. The complementarity between cities and skills [J]. Journal of regional science, 2010, 50(1):221-244.

[9] JIANG H, ZHANG W, DUAN J. Location choice of overseas high-level young returned talents in China [J]. Sustainability, 2020, 12(21):9210.

[10] GUO Q, WANG Y, ZHANG Y, et al. Environmental migration effects of air pollution: micro-level evidence from China [J]. Environmental pollution, 2022, 292:118-263.

[11] YAO L Y, LI X W, ZHENG R R, et al. The impact of air pollution perception on urban settlement intentions of young talent in China [J]. International journal of environmental research and public health, 2022, 19(3):1080.

因素",尤其是较发达地区的二元劳动力市场。[1]工作机会,尤其是与工人社交网络构成的工作机会,成为迁入地最有影响力的吸引因素。[2]人力资本理论则认为凝聚在劳动者身上的知识、技能以及他们所表现出来的劳动能力,是现代经济增长的主要动力。[3]人力资本积累增长模型把每个人的固定时间分为两部分,一部分用于生产;另一部分则用于接受教育,即进行人力资本投资。[4][5]从这个角度看,较发达地区既有较多的接受专业知识培训的渠道,也有更多接收到一般知识的机会,移民从较落后地区迁往较发达地区就可以解释为劳动力为了追求自身人力资本的积累。教育成为人力资本中最重要的投资,在高层次人才流动过程中表现得格外明显,如海外高层次青年人才归国选址考量的重要因素包括区域研发投入、科技体系等级、大学禀赋和学术机会等。[6]个人科研能力得到提升及职业的可持续发展是中国顶尖研究人才流动最主要的影响因素。[7]

20世纪80年代兴起的社会网络理论为劳动力迁移提供了崭新的视角与方法。[8]移民网络理论把劳动力迁移放在"迁移系统"的研究范式中,这种范式主要是从迁出地与迁入地之间文化、经济、政治和社会联系的角度来考查迁移。劳动力迁移网络像是"迁移链",连接着迁出地和迁入地之间的当期移民、前

---

[1] PIORE M J. Notes for a theory of labor market stratification [M]. Lexington, MA: D. C. : Heath and Company, 1975.

[2] SANCHEZ-MORAL S, ARELLANO A, DIEZ-PISONERO R. Interregional mobility of talent in Spain: the role of job opportunities and qualities of places during the recent economic crisis [J]. Environment and planning A-economy and space, 2018, 50(4):789-808.

[3] SCHULTZ T W. Investment in human capital [J]. The American economic review, 1961:1-17.

[4] LUCAS JR R E. On the mechanics of economic development [J]. Journal of monetary economics, 1988, 22(1):3-42.

[5] ROMER P M. Endogenous technological change [J]. Journal of political economy, 1990, 98(5, Part 2):S71-S102.

[6] JIANG H, ZHANG W, DUAN J. Location choice of overseas high-level young returned talents in China [J]. Sustainability, 2020, 12(21):9210.

[7] YUE M L, LI R N, OU G Y, et al. An exploration on the flow of leading research talents in China: from the perspective of distinguished young scholars [J]. Scientometrics, 2020, 125(2):1559-1574.

[8] MUSOLESI M, MASCOLO C. Designing mobility models based on social network theory [J]. ACM SIGMOBILE mobile computing and communications review, 2007, 11(3):59-70.

期移民及非移民。①包含了血缘和友情纽带或者其他基于共同文化或族群感的网络可以降低移民的成本和风险,增加移民心理安全感和归属感,在维持持续迁移上发挥着重要的作用。②③④

综上,从地理空间相互作用上看,人才空间流动需要满足区域间的互补性及可达性两个条件⑤⑥,即区域之间具有人才供需关系或者区域之间存在人才流动的可能性。人才区域间流动取决于迁入地和迁出地的一系列因素,尤其与迁入地的经济发展水平、文化教育水平、公共服务水平、社会文化氛围、环境舒适度等因素密切相关。同时,地理距离、交通、传输客体属性,区域之间政治、文化、社会等方面的因素也会影响人才区域间的可达性。⑦最近有关高素质人才流动的研究多数发现,地理距离阻碍个体流动⑧⑨⑩,文化、制度、社会邻近性便于人才交流合作。⑪⑫⑬

---

① GOSS J, LINDQUIST B. Conceptualizing international labor migration: a structuration perspective [J]. International migration review, 1995, 29(2):317 - 351.

② MASSEY D. Spatial divisions of labour: social structures and the geography of production [M]. Macmillan: Macmillan International Higher Education, 1995.

③ SENSENBRENNER J, PORTES A. Embeddedness and immigration: notes on the social determinants of economic action [M]. London: Routledge, 2018:93 - 115.

④ WILSON T D. Theoretical approaches to Mexican wage labor migration [J]. Latin American perspectives, 1993, 20(3):98 - 129.

⑤ BENNETT R J, HAINING R P. Spatial structure and spatial interaction: modelling approaches to the statistical analysis of geographical data [J]. Journal of the Royal Statistical Society: series A (General), 1985, 148(1):1 - 27.

⑥ ROY J R, THILL J. Spatial interaction modelling [J]. Papers in regional science, 2003, 83(1): 339 - 361.

⑦ HAGGETT P. A modern synthesis [M]. New York: Harper and Row, 1979.

⑧ CAPPELLANO F, RIZZO A. Economic drivers in cross-border regional innovation systems [J]. Regional studies, regional science, 2019, 6(1):460 - 468.

⑨ SHI W, FU Q, YANG W, et al. The spatial relationship between the mobility and scientific cooperation of Chinese scientists [J]. Growth and change, 2022, 0(0):1 - 12.

⑩ WANG L, XUE Y, CHANG M, et al. Macroeconomic determinants of high-tech migration in China: The case of Yangtze River Delta Urban Agglomeration [J]. Cities, 2020, 107:102888.

⑪ DRIVAS K, ECONOMIDOU C, KARAMANIS D, et al. Mobility of highly skilled individuals and local innovation activity [J]. Technological forecasting and social change, 2020, 158:120 - 144.

⑫ GARCIA R, ARAUJO V, MASCARINI S, et al. Is cognitive proximity a driver of geographical distance of university—industry collaboration? [J]. Area development and policy, 2018, 3(3):349 - 367.

⑬ SHI W, YANG W, DU D. The scientific cooperation network of Chinese scientists and its proximity mechanism [J]. Sustainability, 2020, 12(2):660.

三、知识流动的相关理论

知识流动有多种形式，包括知识溢出、知识扩散、知识转移和知识共享。其中，知识溢出是一种被动的知识流动；知识扩散是一种主动的知识流动；知识流动的高级形式是知识转移，知识流动的最终目的是知识共享。①Davenport 认为在知识的流动过程中，主要包括知识传递和知识吸收两个过程，知识的流动不仅要考虑到中间过程中知识的传递，同时也要考虑到知识传递中接受者对知识吸收消化的程度。②Szulanski 认为内部知识转移的主要障碍是知识相关因素，如接受者缺乏吸收能力、因果模糊性以及知识源地和接受地之间的艰难关系，认为知识流动是一种组织内部或者组织间的知识共享。③Gupta 等将知识流动看作一种技术知识的转移，知识的隐性越强，流动和转移就越难。其从宏观视角出发研究了公司之间的知识流动，发现知识的流动程度和子公司背景的差异、其他部门知识使用的程度以及子公司向公司其他部门提供这种知识的程度有关。④Hendriks 认为信息和通信技术可以减少知识工作者之间的时间和空间障碍，以及可以提供工作者获得知识信息的机会，加强知识共享。⑤但是，信息和通信技术分享知识的价值有限，因为它忽略了信息双方提高知识共享的质量。信息和通信技术对不同环境下知识共享的动机具有不同的影响，知识流动是知识主体之间通过沟通使自身的知识产生扩散，同时知识接受者也具备知识的吸收和接受能力，只有知识能够被内化吸收，才能完成知识流动的全过程。我国学者李正风和曾国屏认为知识流动是创新主体相互作用的基本方式，是提高创新效率的重要途径，创新行为可以理解为行为体增进或利用已有知识存量

---

① 华连连，张悟移. 知识流动及相关概念辨析 [J]. 情报杂志，2010，29 (10)：112 - 117.
② DAVENPORT T H, PRUSAK L. Working knowledge: how organizations manage what they know [M]. Brighton: Harvard Business Press, 1998.
③ SZULANSKI G. Exploring internal stickiness: impediments to the transfer of best practice within the firm [J]. Strategic management journal, 1996, 17(S2):27 - 43.
④ GUPTA A K, GOVINDARAJAN V. Knowledge flows and the structure of control within multinational corporations [J]. Academy of management review, 1991, 16(4):768 - 792.
⑤ HENDRIKS P. Why share knowledge? The influence of ICT on the motivation for knowledge sharing [J]. Knowledge and process management, 1999, 6(2):91 - 100.

的活动，不同创新主体的不同创新是伴随着知识流动和扩散的一个过程。①有学者按照创新活动主体的不同，把知识流动划分为个体间的知识流动、组织间的知识流动和团队间的知识流动。知识流动可以实现创新要素的重新组合，能够提供创新要素的个人、组织、团队才能对知识流动做出贡献，才能成为知识流动的主要参与者。②也有学者从供应链的角度审视知识流动，认为知识在组织之间的共享与传播是供应链知识管理的核心内容，知识在组织间流动的程度主要取决于有关组织间的双边或多边学习的有效性。③

地理学者从空间尺度探析知识流动作用于地理空间关系的内在逻辑和空间表现。④现有的研究基于地域单元，采用论文合作、项目合作、专利合作、专利转移等形式，研究知识在城市、区域、国家间的流动。

四、复杂网络理论

复杂网络理论是 21 世纪兴起的一个跨学科的研究领域，涉及数学、经济学、物理学、生物科学、信息科学、社会科学、管理科学、系统科学、军事科学等多个学科。近年来，随着学科交叉的趋势逐渐加强，复杂网络的研究和应用掀起了一股热潮，其受到了国内外研究者的广泛关注。复杂网络中的两个重要概念是节点和关系，当一个复杂系统由许多相互作用的子系统组成时，子系统可以抽象为节点，子系统之间的交互可以抽象为节点间的边，这个复杂系统就可以抽象为一个复杂网络。⑤复杂性是复杂网络最重要的特征。它的复杂性可以通过节点数目和节点之间的连接来反映。复杂网络中节点数量较多，节点之间的连接复杂，这使得复杂网络不同于随机网络和规则网络。

---

① 李正风，曾国屏. 国家创新系统与知识经济 [J]. 科技导报，1999，17 (11)：24-26.
② 顾新，李久平，王维成. 知识流动、知识链与知识链管理 [J]. 软科学，2006 (2)：10-12.
③ 彭灿. 供应链中的知识流动与组织间学习 [J]. 科研管理，2004 (3)：81-85.
④ 马海涛. 基于知识流动的中国城市网络研究进展与展望 [J]. 经济地理，2016，36 (11)：207-213.
⑤ 何大韧. 复杂系统与复杂网络 [M]. 北京：高等教育出版社，2009.

从统计学的角度研究复杂网络中大规模节点及其连接特性的学者们，提出了许多参数来描述复杂网络结构的统计参量，其中主要有平均最短路径长度、直径、聚集系数、度分布、介数等。继 Watts 和 Strogatz 在小世界网络领域、Barabasi 和 Albert 在无标度网络领域的开创性工作之后，学者们在不同领域进行了大量实际网络的拓扑特性的实证研究，从不同的角度提出了众多网络模型，如规则网络、随机网络、小世界网络、无标度网络等。[1]

地理学者采用复杂网络研究的方法探究人-地作用的复杂关系，催生了众多研究成果，主要集中在交通网络、贸易网络、科研合作网络、人员流动网络等。交通网络的研究普遍揭示了网络的"小世界"特性和等级层次结构等，如航空网络的空间结构复杂性[2][3]、航运网络的空间复杂性[4][5]、公路网络的空间复杂性[6][7]、铁路网络的空间复杂性[8][9]等。贸易网络以区域或全球为研究尺度揭示了网络的复杂性特征，如"一带一路"贸易网络、全球贸易网络的拓扑关系等。[10][11]科研网

---

[1] 刘军. 整体网分析讲义：UCINET 软件实用指南 [M]. 上海：格致出版社，2009.

[2] 王姣娥，杜德林，金凤君. 多元交通流视角下的空间级联系统比较与地理空间约束 [J]. 地理学报，2019，74 (12)：2482-2494.

[3] 王姣娥，莫辉辉，金凤君. 中国航空网络空间结构的复杂性 [J]. 地理学报，2009，64 (8)：899-910.

[4] 焦敬娟，王姣娥. 海航航空网络空间复杂性及演化研究 [J]. 地理研究，2014，33 (5)：926-936.

[5] 王列辉，朱艳. 基于"21 世纪海上丝绸之路"的中国国际航运网络演化 [J]. 地理学报，2017，72 (12)：2265-2280.

[6] 陈伟，刘卫东，柯文前，等. 基于公路客流的中国城市网络结构与空间组织模式 [J]. 地理学报，2017，72 (2)：224-241.

[7] 柯文前，陆玉麒，陈伟，等. 高速交通网络时空结构的阶段性演进及理论模型——以江苏省高速公路交通流网络为例 [J]. 地理学报，2016，71 (2)：281-292.

[8] 初楠臣，张平宇，姜博. 基于日高铁流量视角的中国高速铁路网络空间特征 [J]. 地理研究，2018，37 (11)：2193-2205.

[9] 金凤君，焦敬娟，齐元静. 东亚高速铁路网络的发展演化与地理效应评价 [J]. 地理学报，2016，71 (4)：576-590.

[10] 宋周莺，车姝韵，杨宇. "一带一路"贸易网络及其与全球贸易网络的拓扑关系分析（英文）[J]. Journal of geographical sciences，2018，28 (9)：1249-1262.

[11] 杨文龙，杜德斌，马亚华，等. "一带一路"沿线国家贸易网络空间结构与邻近性 [J]. 地理研究，2018，37 (11)：2218-2235.

络的研究主要集中在论文合作网络①②、专利转移网络③④⑤等。人员流动网络主要探讨的是区域内或全国人口的整体流动网络⑥⑦⑧⑨或不同类型专业人才的流动网络的特征，如留学生⑩、研发人才⑪⑫、企业人才⑬等人才流动构成的网络。同时，地理学者以交通、贸易、人员等实体流和论文、专利等知识流刻画了不同类型的城市网络。⑭⑮⑯⑰总之，复杂网络为地理学研究提供了一个崭新

---

① 贺灿飞，李文韬. 中国国际科研合作网络的时空演化特征与驱动力 [J]. 中国软科学，2022 (7)：70-81.
② 李迎成，杨钰华，马海涛. 邻近视角下长三角城市多尺度创新网络形成的微观机制 [J]. 地理学报，2023，78 (8)：2074-2091.
③ 段德忠，杜德斌，谌颖. 知识产权贸易下的全球地缘科技格局及其演化 [J]. 地理研究，2019，38 (9)：2115-2128.
④ 段德忠，杜德斌，谌颖，等. 中国城市创新网络的时空复杂性及生长机制研究 [J]. 地理科学，2018，38 (11)：1759-1768.
⑤ 刘承良，管明明. 基于专利转移网络视角的长三角城市群城际技术流动的时空演化 [J]. 地理研究，2018，37 (5)：981-994.
⑥ 潘竟虎，赖建波. 中国城市间人口流动空间格局的网络分析——以国庆—中秋长假和腾讯迁徙数据为例 [J]. 地理研究，2019，38 (7)：1678-1693.
⑦ 王珏，陈雯，袁丰. 基于社会网络分析的长三角地区人口迁移及演化 [J]. 地理研究，2014，33 (2)：385-400.
⑧ 赵梓渝，魏冶，王士君，等. 有向加权城市网络的转变中心性与控制力测度——以中国春运人口流动网络为例 [J]. 地理研究，2017，36 (4)：647-660.
⑨ 朱鹏程，曹卫东，张宇，等. 人口流动视角下长三角城市空间网络测度及其腹地划分 [J]. 经济地理，2019，39 (11)：41-48，133.
⑩ 侯纯光，杜德斌，段德忠，等. "一带一路"沿线国家或地区人才流动网络结构演化 [J]. 地理科学，2019，39 (11)：1711-1718.
⑪ 马海涛. 基于人才流动的城市网络关系构建 [J]. 地理研究，2017，36 (1)：161-170.
⑫ 许吉黎，杨帆，薛德升. 德国汉堡生物医药集群研发和商务知识的网络结构与空间流动 [J]. 地理科学，2019，39 (2)：325-333.
⑬ 段德忠，杜德斌，桂钦昌，等. 中国企业家成长路径的地理学研究 [J]. 人文地理，2018，33 (4)：102-112.
⑭ 潘竟虎，赖建波. 中国城市间人口流动空间格局的网络分析——以国庆—中秋长假和腾讯迁徙数据为例 [J]. 地理研究，2019，38 (7)：1678-1693.
⑮ 陈肖飞，杨洁辉，王恩儒，等. 基于汽车产业供应链体系的中国城市网络特征研究 [J]. 地理研究，2020，39 (2)：370-383.
⑯ 赵新正，李秋平，芮旸，等. 基于财富500强中国企业网络的城市网络空间联系特征 [J]. 地理学报，2019，74 (4)：694-709.
⑰ 钟业喜，郭卫东. 中国高铁网络结构特征及其组织模式 [J]. 地理科学，2020，40 (1)：79-88.

的视角，复杂网络和地理学的融合方兴未艾。

五、空间结构理论

人类活动的区位选择是空间分析的重要内容。经典的区位理论，如杜能区位论、韦伯区位论、帕兰德区位论和克里斯泰勒中心地理论等论述了农业、工业、商业及城市等区位选择的问题。杜能区位论又被称为"农业区位论"，其提出了农业生产方式的"杜能圈"结构，即在假设的"孤立国"状态下，不同类型的农业方式呈带状分布。杜能区位理论为区位论奠定了基础，此理论中具有空间相互作用原理和距离衰减法则的基本思想。[①]工业区位论是以第一次产业革命为背景产生的。韦伯区位论是工业区位论代表性的理论，此理论阐述了在工业原料、燃料、销售、生产等工业活动地分离的背景下，企业如何选址才能使生产成本和运输成本最小化的问题。韦伯认为，生产的劳动成本和运输成本是企业区位选择考虑的基本要素，理想的工业区位即为生产费用最小的地点。后来廖什和帕兰德在韦伯区位论的基础上进行了延伸，其理论突出了市场与区位问题的联系，解释了商业区位选址的问题，统称为市场区位学派。中心地理论首次由克里斯塔勒提出。[②]克里斯塔勒以静态局部均衡理论为基础，揭示了城市、居民点发展的区域基础及等级-规模的空间关系，把区位论的对象从农业、工业扩展到了城市，他的理论成为城市经济学的理论来源。其空间分布模型从动态视角把区位理论与地理学的地域性和综合性有效地结合起来。

人是所有生产性活动的主体，以上的区位理论适用于从事农业、工业和商业等活动人群的空间区位选择。关于人口的空间区位，Clark 采用数学模型解释了城市人口居住密度的空间结构差异及动态变化特征。[③]Williamson 通过数据

---

① 曾书琴，梁山. 都市型现代农业的理论与实践 [M]. 广州：中山大学出版社，2012.
② 沃尔特·克里斯塔勒. 德国南部中心地原理 [M]. 北京：商务印书馆，1998.
③ CLARK C. Urban population densities [J]. Journal of the Royal Statistical Society: series A (General), 1951, 114(4): 490-496.

验证了人才非均衡运动的基本规律。现有文献虽然对人才空间区位选择有一定的研究，但上升到理论高度的研究较少。①

第三节 已有理论的适用性分析

本书对以两院院士为代表的中国科学家的研究尝试解决四个问题：第一，中国科学家的空间分布特征。中国科学家的空间分布特征从三个方面探讨，即整体分布特征、不同成长阶段的分布特征、不同时期的分布特征。此外，揭示分布规律的同时探讨了中国院士分布的影响因素。第二，中国院士流动网络的特征。中国院士流动网络的特征从三个方面探讨，即网络的拓扑结构特征、网络的空间结构特征、网络的等级层次结构特征。此外，探究中国院士流动背后的驱动机制。第三，中国院士科研合作网络的特征。中国院士科研合作网络的特征从三个方面探讨，即网络的拓扑结构特征、网络的空间结构特征、网络的等级层次结构特征。此外，在近邻性原理的框架下探究中国院士科研合作的动力机制。第四，中国院士流动产生的知识流动效应。探究中国院士流动网络与科研合作网络的空间耦合性特征，主要从两个网络节点耦合和双边关系的耦合情况进行分析。

基于本研究探究的核心问题，遵循地理学"现象剖析-规律探究-机理解释"研究的思维逻辑，即从科学家的空间区位出发，深入探究由科学家流动和合作建立起来的空间联系，并揭示背后的驱动机制，坚持理论指导和实证研究相结合的原则（图3-1）。本书的研究属于人才地理的范畴，侧重研究中国科学家现象的空间差异、空间规律及其空间机制，通篇论述离不开空间结构的相关理论支撑，如经典区位理论、核心-边缘理论等。把科学家个体的成长阶段分布地点划分为出生地、本科毕业地、最高学位获得地、初次工作地、获得院士

---

① WILLIAMSON J G. Regional inequality and the process of national development: a description of the patterns [J]. Economic development and cultural change, 1965, 13(4, Part 2):1-84.

地、当前工作地的做法借鉴了人才成长相关理论中人才萌芽期、继续期、创造期、成熟期、衰老期的划分方法。由科学家成长构成的流动网络和科研合作构成的知识流动网络符合人才流动的相关理论和知识流动的相关理论，同时也广泛地借鉴了复杂网络研究的思路和方法。基于相关理论的指导，本研究对中国科学家的相关数据进行了广泛的收集和整理，坚持实事求是的态度，从人才空间分布和开发的现实出发，展开了广泛的实证研究，探究中国科学家的空间现象、空间规律和空间机制。在此基础上检验、修正和发展人才学和地理学的相关理论。

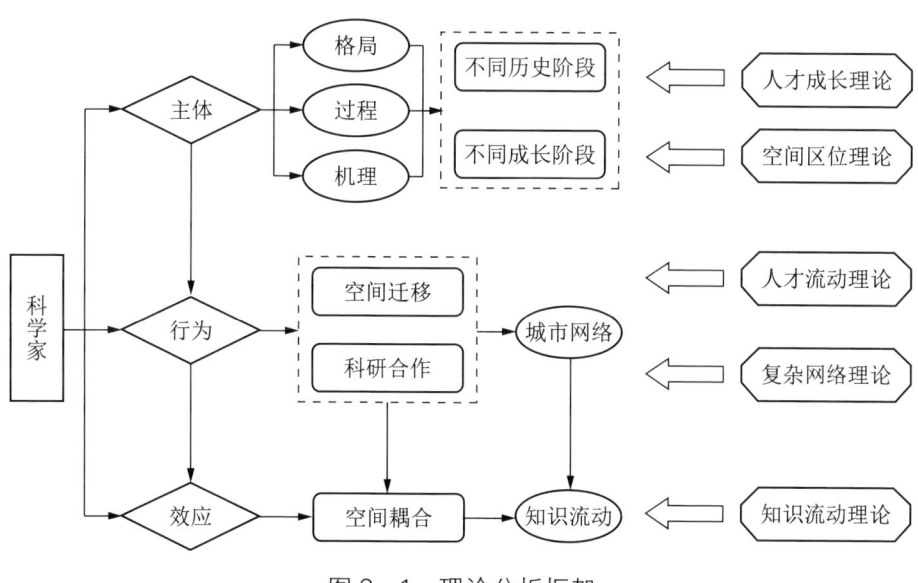

图 3-1 理论分析框架

第四章
中国院士的空间分布及其影响因素

Chapter 04

揭示人才空间分布规律是地理学对人才研究的独特贡献。人才空间分布的地域差异是人才空间分布规律的具体反映,也是人才地理学理论的重要组成部分。《中国科技人才发展报告(2018)》显示,我国科技人才的空间分布不均,经济发达的东部地区是研发人员的主要分布区域,地区差异明显。[①]了解中国科学家的情况,地理学者首先要从中国科学家的空间分布着手。然而,囿于学界尚未对"科学家"概念进行清晰界定,其研究对象较为宽泛与笼统。近年来,随着科技人才对创新的重要作用不断凸显,中国科技人才的研究对象主要为院士、长江学者、国家杰青和国家千人等群体,探讨了其空间格局及影响因素。但是大多数的研究停留在省域尺度,基于城市的研究较少。基于此,本章以城市为研究单元,以中国科学院和中国工程院院士为中国科学家的典型代表,首先对中国科学院和中国工程院

---

① 王志刚. 中国科技人才发展报告(2018)[M]. 北京:社会科学文献出版社,2019.

院士进行概况性分析。其次，采用空间分析方法，探究中国院士的整体空间分布状况。为了更详细地揭示中国院士的空间分布特征，分析科学家不同的成长阶段的空间分布特征以及不同历史阶段科学家的空间分布特征。最后，采用空间计量手段探究中国院士空间分布的影响因素。

第一节 研究数据与研究方法

一、数据来源及指标选取

本研究样本数据源于中国科学院院士和中国工程院院士名单。借鉴现有人才成长的相关理论，将两院院士成长相关的空间信息划分为六个阶段，分别为出生地、本科毕业地、最高学位获得地、初次工作地、院士获得地和当前工作地。中国院士空间信息的获取途径主要有网络信息检索、人物文献阅读、人物访谈等形式。通过以上方式获取两院院士的各类信息并进行验证，最终整理和构建了两院院士信息数据库。对两院院士基本信息进行清洗筛选，最后得到院士成长相关的空间信息。

参考人才空间分布影响因素的已有相关文献[1][2][3][4][5]，本研究从城市的经济水平、教育水平、环境质量和公共服务四个方面探究中国院士空间分布的影响因素（表4-1）。

---

[1] 马海涛，张芳芳. 人才跨国流动的动力与影响研究评述[J]. 经济地理，2019，39（2）：40-47.

[2] LIU Y, SHEN J. Spatial patterns and determinants of skilled internal migration in China, 2000—2005 [J]. Papers in regional science, 2014, 93(4): 749-771.

[3] 刘兵，曾建丽，梁林，等. 京津冀地区科技人才分布空间格局演化及其驱动因素[J]. 技术经济，2018，37（5）：86-92，123.

[4] 王若宇，黄旭，薛德升，等. 2005—2015年中国高校科研人才的时空变化及影响因素分析[J]. 地理科学，2019，39（8）：1199-1207.

[5] 吴殿廷，刘超，顾淑丹，等. 高级科学人才和高级科技人才成长因素的对比分析——以中国科学院院士与中国工程院院士为例[J]. 中国软科学，2005（8）：70-75.

第四章 中国院士的空间分布及其影响因素

表 4-1 中国院士空间分布的影响因素

影响因素	指 标	单位	代码
经济水平	地区生产总值	万元	X_1
教育水平	普通高等院校数量	个	X_2
	双一流大学数量	个	X_3
城市环境	建成区绿化覆盖率	%	X_4
	二氧化硫排放量	吨	X_5
公共服务	医院数	个	X_6
	公共汽车数	个	X_7

1. 经济水平

新古典主义理论认为经济发展是劳动力迁移的重要因素①。本研究采用各市的 GDP 来衡量地区经济水平②，由于中国院士人数累积时间跨度较大，这里选取 2019、2009、1999 和 1989 年四个年份 GDP 的均值。各市的人均 GDP 数据来源于《中国城市统计年鉴》。

2. 教育水平

教育水平这里主要考虑的是高等教育水平，既包括高等教育院校的数量，也包括高等院校的水平。③④本研究采用每个城市的普通高等院校数量和双一流高校的数量来衡量高等教育水平情况。普通高等院校数量数据来源于 2019 年《中国城市统计年鉴》。双一流高校的数量来源于 2017 年教育部发布的《世界一流大学和一流学科建设高校及建设学科名单》。

3. 城市环境

城市宜居情况主要是考虑城市的环境质量，参考已有的研究采用建成区绿

---

① FERGUSON C E. The neoclassical theory of production and distribution [J]. Cambridge books, 2008.

②③ 王若宇, 黄旭, 薛德升, 等. 2005—2015 年中国高校科研人才的时空变化及影响因素分析 [J]. 地理科学, 2019, 39 (8): 1199-1207.

④ 刘宁宁. 我国城市高等教育资源集聚水平及空间格局探析 [J]. 高校教育管理, 2019, 13 (1): 82-89.

化覆盖率和工业二氧化硫排放量来测度环境质量。①城市绿地面积是衡量城市人居环境的重要正向指标②，而污染物的排放量能体现一个城市的污染程度。③城市建成区绿化覆盖率和工业二氧化硫排放量数据均来源于2019年《中国城市统计年鉴》。

4. 公共服务

已有研究表明，医疗、教育、交通等公共服务水平和人民的生活息息相关，是影响人口在一地定居的重要因素。④⑤⑥⑦本研究采用城市的医院数、公共汽车数来衡量城市的公共服务水平。城市拥有的医院数和公共汽车数数据均来源于2019年《中国城市统计年鉴》。

二、研究方法

借助 ArcGIS 的空间分析方法，可视化中国院士的空间分布，探究中国院士的空间分布特征。中国院士空间分布的影响因素主要利用 Stata 数据统计分析的方法，本研究基于数据的属性，采用负二项回归模型探究中国院士空间分布的影响因素。鉴于城市尺度上在各成长阶段院士的数量都为非负整数，且被解释变量存在"过度分散"、方差明显大于期望的状况，因此采用负二项回归模型（Negative binomial regression model）来探讨中国院士空间分布的影响因

---

① SONG H, ZHANG M, WANG R. Amenities and spatial talent distribution: evidence from the Chinese IT industry [J]. Cambridge journal of regions, economy and society, 2016, 9(3):517 – 533.
② 李航，李雪铭，田深圳，等. 城市人居环境的时空分异特征及其机制研究——以辽宁省为例 [J]. 地理研究，2017，36（7）：1323 – 1338.
③ 王媛，李玥，乔治，等. 京津冀城市群大气污染传输规律研究——两组排放清单的比较分析 [J]. 中国环境科学，2019，39（11）：4561 – 4569.
④ FLORIDA R. The economic geography of talent [J]. Annals of the Association of American Geographers, 2002, 92(4):743 – 755.
⑤ FLORIDA R. Bohemia and economic geography [J]. Journal of economic geography, 2002, 2(1):55 – 71.
⑥ GLAESER E L, KOLKO J, SAIZ A. Consumer city [J]. Journal of economic geography, 2001, 1(1):27 – 50.
⑦ RODRÍGUEZ POSE A, KETTERER T D. Do local amenities affect the appeal of regions in Europe for migrants? [J]. Journal of regional science, 2012, 52(4):535 – 561.

素。其公式如下：

$$Y(Y_1、Y_2、Y_3、Y_4、Y_5、Y_6) = \alpha + \beta_1 X_1 + \beta_2 X_2 + \beta_3 X_3 + \beta_4 X_4 \\ + \beta_5 X_5 + \beta_6 X_6 + \beta_7 X_7 + \varepsilon_i \quad (式4\text{-}1)$$

公式中，因变量 Y 是中国院士在各成长阶段城市尺度下的人数，Y_1 表示的是在出生阶段院士的数量；Y_2 表示的是在本科毕业阶段院士的数量；Y_3 表示的是在最高学位获得地阶段院士的数量；Y_4 表示的是在初次工作地阶段院士的数量；Y_5 表示的是在院士获得地阶段院士的数量；Y_6 表示的是在当前工作地阶段院士的数量。α 为常数项；$\beta_{1\sim7}$ 为待估系数，ε_i 为随机误差项。自变量 X_1 为地区生产总值；X_2 为普通高等院校数量；X_3 为双一流大学数量；X_4 为建成区绿化覆盖率；X_5 为二氧化硫排放量；X_6 为医院数；X_7 为公共汽车数。

第二节 中国院士不同成长阶段的空间分布特征

一、中国院士出生地集中于东部沿海及长江流域

中国院士出生地高度集中于东部沿海及长江流域，长江三角洲地区尤为突出。研究样本中有 932 位院士出生于长三角，占总数的 38.7%。其中上海最多（211 位），占研究样本的 8.8%，长三角的苏州、宁波、无锡、南京、常州、杭州、绍兴、南通、嘉兴也是院士主要的出生城市。东部沿海另一院士出生地集中于环渤海地区，研究样本中北京出生院士 100 位，位居第二；天津 47 位，位居第九；环渤海地区的沈阳、保定、唐山、烟台、济南、大连、青岛等城市也是较多院士的出生地。此外，东南沿海地区的福州、泉州、梅州、香港、广州、厦门、莆田等城市也是院士重要的出生地。另外，长江流域院士出生地集中于成渝地区和两湖地区。成渝地区主要集中在重庆（46 位，排名 10）、成都（33 位，排名 17）等区域性大城市；两湖地区各地级市院士出生地分布较均衡。出生于国外的中国院士较少，研究样本中有 15 位院士出生于国外，其中

印度尼西亚6位，泰国1位，俄罗斯1位，日本3位，马来西亚1位，菲律宾2位，东帝汶1位。中国沿海或沿江地区的城市地理环境优越，经济基础较好，良好的经济条件为中国院士的成长提供了必要的物质支撑。同时，这些城市科学事业发展较早，浓厚的历史文化氛围使当地注重人才培养。

二、本科毕业地与国内高等教育资源地高度耦合

中国院士本科毕业地与中国高等教育资源地高度耦合，与出生地相比，中国院士的本科毕业地更加趋向于少数高等教育资源集中的城市。出生地统计到267个城市，而本科毕业地只统计到82个城市，可见，本科毕业地相对于出生地而言在空间分布上更加趋向集中，集中于国家区域中心城市。位居前三的城市本科毕业的院士数量占总样本数的一半，其中，有626位中国院士本科毕业于北京，数量位居全国第一；上海300位，位居第二；南京236位，位居第三。此外，西安、杭州、武汉、哈尔滨、合肥分别为106、103、97、65、65位中国院士的本科毕业地，居全国第四、五、六、七位。样本中，中国院士本科毕业地前15位城市占总数的83.6%，前30位的城市占总数的95.5%。纵观中国院士本科毕业地不难发现，中国院士的本科毕业地高度集中于高等院校集中的城市，特别是中国知名大学的城市所在地。北京、上海、南京高等院校数量较多，且教育资源优势突出，成了中国院士的主要本科毕业地。西安、成都、重庆在西部地区高等教育中承担了重要角色，是西部地区重要的人才培养地。中部地区知名大学集中在武汉、长沙等市，吸引了国内大批学生前来学习深造。东北地区的哈尔滨、长春、沈阳三市也是研究样本中136位中国院士的本科毕业地，为新中国培养了一大批人才。2 406位院士样本中有90位具有海外本科学习经历，其中美国、俄罗斯、日本这三个国家是中国院士主要的本科海外学习地。这些国家经济发达，高等教育水平处于世界领先地位，对世界留学生具有强大的吸引力。

三、最高学位获得地集中于高水平教育资源城市

最高学位获得地更加集中于中国和世界高水平教育资源集聚的城市。通过

中国院士最高学位获得地分布图可以看出,中国院士最高学位获得地在国内更加集中于北京、上海、杭州、南京、武汉、西安、哈尔滨等这些国家一流高校集聚的城市。样本中,北京是586位中国院士的最高学位获得地,占在国内获得最高学位的院士总数的37%。上海和南京分别是209、111位中国院士的最高学位获得地,居全国第二、三位。北京、上海、南京三座城市占国内取得最高学位的院士总数的57.2%。西安、哈尔滨、武汉、杭州、天津、成都、合肥分别为71、68、58、51、39、39、37位中国院士的最高学位获得地,居全国第四、五、六、七、八(并列)、十位。前15位的城市占国内获得最高学位院士总数的88.7%,前30位的城市占98.4%,这说明院士的最高学位获得地在城市间相对于出生地和本科毕业地更加趋向集中。另外,共有820位中国院士的最高学位是在国外取得的(其中美国348、俄罗斯140、英国105、日本59、德国57、法国31、加拿大13),占总数的35.4%。可以看出,对于进一步深造的中国院士们,他们更加倾向于到国内或国际本专业顶级的大学或研究机构,高水平的教育资源更容易培养出高水平的人才,这与前人的研究结论相一致。[①]

四、中国院士工作地集中于国内经济发达的城市

为了更好刻画中国院士的成长路径,尽可能涵盖中国院士一生工作经历的城市,对中国院士的工作路径空间信息进行了细化,包括初次工作地、当前工作地、获得院士地(表4-2)。通过中国院士初次工作地、当前工作地和获得院士地分布图可以直观看出,中国院士的工作地主要集中在经济发达的城市,初次工作地、当前工作地和获得院士前15名的城市空间信息变化不大,前5名均是北京、上海、南京、西安、武汉。从空间分布情况来看,经济发达的国内城市是中国院士主要青睐的工作地,反映出经济条件是人才就业的重要影响因素。众多中国院士样本中,有45位院士初次工作地在海外。在2 361个样本观测值中,北京是1 026位中国院士的初次工作地,占总数的43.5%;是1 234位

[①] 李瑞,吴殿廷,鲍捷,等.高级科学人才集聚成长的时空格局演化及其驱动机制——基于中国科学院院士的典型分析[J].地理科学进展,2013,32(7):1123-1138.

表 4-2 中国院士成长阶段排名前 15 城市及其人数

排序	出生地 城市	出生地 数量	本科毕业地 排序	本科毕业地 城市	本科毕业地 数量	最高学位获得地 排序	最高学位获得地 城市	最高学位获得地 数量	初次工作地 排序	初次工作地 城市	初次工作地 数量	院士获得地 排序	院士获得地 城市	院士获得地 数量	当前工作地 排序	当前工作地 城市	当前工作地 数量
1	上海	211	1	北京	626	1	北京	586	1	北京	1062	1	北京	1267	1	北京	1234
2	北京	100	2	上海	300	2	上海	209	2	上海	231	2	上海	239	2	上海	251
3	苏州	76	3	南京	236	3	南京	111	3	南京	142	3	南京	126	3	南京	120
4	宁波	69	4	西安	106	4	西安	71	4	武汉	89	4	西安	75	4	西安	75
5	无锡	67	5	杭州	103	5	哈尔滨	68	5	西安	72	5	武汉	71	5	武汉	74
6	南京	51	6	武汉	97	6	武汉	58	6	哈尔滨	53	6	广州	48	6	广州	54
7	常州	49	7	哈尔滨	65	7	杭州	51	7	长春	51	7	长沙	43	7	杭州	48
8	杭州	48	7	合肥	65	8	天津	39	8	合肥	47	8	杭州	42	8	长沙	44
9	天津	47	9	昆明	55	8	成都	39	9	杭州	43	9	天津	41	9	天津	41
10	重庆	46	10	成都	53	10	合肥	37	10	天津	41	10	长春	40	10	成都	38
11	绍兴	45	10	长沙	53	11	广州	30	11	长沙	39	11	成都	38	11	长春	37
12	福州	44	12	天津	48	12	长沙	29	11	成都	39	12	哈尔滨	36	12	合肥	34
13	长沙	40	13	重庆	47	12	长春	29	13	广州	34	13	合肥	35	13	哈尔滨	32
14	南通	36	14	广州	41	14	重庆	25	14	沈阳	33	14	大连	31	14	大连	28
15	嘉兴	34	15	长春	39	15	沈阳	23	14	大连	33	15	香港	29	15	沈阳	26

中国院士的当前工作地，占总数的 52.3%；是 1 267 位中国院士获得院士的城市地，占总数的 53.7%。说明北京以自身的政治、经济、文化等优势，成为中国院士的工作首选地。此外，哈尔滨、长春、合肥、杭州、天津、长沙、成都、广州、沈阳、大连、香港也是中国院士的主要工作地。通过表 4-2 可以看出三大工作地在空间格局上存在高度的吻合性，当前工作地和获得院士地吻合程度更高，说明中国院士工作地具有一定的时序传承性。

第三节 不同历史时期中国院士的空间分布特征

为了揭示中国院士成长空间格局的演化过程，本研究按院士评选的年份划分为 5 个阶段，划分的 5 个时间段以 10 年为节点，分别为 20 世纪 50 年代（1955 年和 1957 年评选的科学院院士）、20 世纪 80 年代（1980 年评选的科学院院士）、20 世纪 90 年代（包括 1991、1993、1995、1997、1999 年评选的科学院院士和 1994、1995、1996、1997、1999 年评选的工程院院士）、2000—2009 年（包括 2001、2003、2005、2007、2009 年评选的科学院院士和 2001、2003、2005、2007、2009 年评选的工程院院士）、2010—2019 年（包括 2011、2013、2015、2017、2019 年评选的科学院院士和 2011、2013、2015、2017、2019 年评选的工程院院士）。根据各个阶段城市中院士的数量，利用 ArcGIS 10.2 统计出不同历史阶段中国院士在不同成长阶段的空间分布情况。

一、出生地——从东部沿海向中西部内陆地区扩散

东部地区是中国院士主要的出生地，20 世纪 50 年代和 80 年代中国院士出生地分布呈"弓箭形"的分布格局，即东部沿海地区和长江流域。20 世纪 90 年代以来，中国院士的出生地从东部沿海地区逐渐向中部内陆地区扩散。纵观中国院士的五个时间阶段，长江三角洲地区和京津地区是中国院士出生地的"热点区"，而出生于西部的院士人数很少，西部地区和西南地区几乎是院士出生地的"荒漠区"。

20世纪50年代院士的出生地呈现出"沿海、沿江"的空间布局特点,其中位于江海交汇之地的长江三角洲地区的城市是院士的主要出生地,上海、无锡、绍兴、苏州、嘉兴等地出生的院士较多。20世纪80年代中国院士出生地的空间格局几乎和20世纪50年代一样,也主要集中在东部沿海地区和长江流域,长江三角洲地区依然是中国院士出生的重地,但这一时期,北京取代上海成为出生院士最多的城市。这一时期北京、苏州、上海、无锡、杭州、福州、天津、嘉兴、南通、常州等市是中国院士主要的出生地。可见,相比50年代,京津地区在这个时期的地位逐渐突出。20世纪90年代,中国院士出生地的城市相比50年代和80年代城市数量明显增多,达到180位。这一时期中国院士的出生地可以覆盖东部地区的绝大多数城市和中部地区的大部分城市,且对比前两个时期空间范围明显扩大。其中上海、北京、苏州、宁波、无锡、天津、福州、常州、绍兴、南京、长沙、成都、南通、武汉、杭州、重庆等市出生的院士数较多。这一时期,院士的出生地的热点区域不仅包括长江三角洲地区和京津地区,还包括西南的成渝地区。进入21世纪,中国院士的出生地依然集中在中东部的城市,2000—2009年上海、北京、重庆、南京、天津、泉州、无锡、杭州、常州、温州、宁波、成都、香港、绍兴、金华、青岛、大连、咸阳、长春、武汉、哈尔滨等市出生的院士较多,可以看出这一时期除了长江三角洲和京津地区外,东北地区和成渝地区也是中国院士的主要出生地。2010—2019年,东部地区依然是中国院士的主要出生地,但中西部的个别城市出生的院士也明显增多,重庆、上海、北京、南京、宁波、长春、扬州、长沙、常德、哈尔滨、合肥、泰州、杭州、西安等市在这一时期出生的院士较多。

二、本科学习地——省会外的其他地级市逐渐显现

中国院士的本科教育地空间分布零散,主要集中在直辖市和省会城市。20世纪80年代前中国院士的本科学习地主要集中在少数几个省会城市。20世纪90年代以来,除了省会城市和直辖市外,其他地级市也成为中国院士的主

要本科教育地。纵观中国院士的五个历史阶段，北京、上海、南京等教育资源集中的城市一直扮演着院士主要本科教育地的角色。此外，美国和俄罗斯教育资源优越的城市在各个时期也是中国院士重要的本科教育地。

20世纪50年代，院士本科学习地主要分布在少数几个城市，京津冀地区和长江三角洲地区是这一时期中国院士主要本科教育城市的分布区域，如京津冀地区的北京、天津、保定和长三角地区的南京、上海、杭州、苏州。这一时期，院士的海外本科教育地主要集中在美国和日本的城市，如芝加哥、东京、麦迪逊、圣保罗、波士顿、费城、鹿儿岛、纽约、仙台、札幌等。20世纪80年代中国院士的本科教育地依然集中于国内少数几个省会城市或者直辖市，如北京、南京、昆明、上海、杭州、重庆、广州、苏州、厦门、成都、西安、武汉、唐山、福州、济南、天津、南宁、太原、长沙、哈尔滨。昆明、重庆和成都作为这一时期院士的主要本科教育地，其重要原因是20世纪80年代评选的院士中，很大一部分人的本科教育阶段正值抗战时期中国高校内迁。这一时期在海外进行本科学习的院士人数较少，只有8位，其本科学习地主要是美国的芝加哥、纽约、华盛顿等市。20世纪90年代以后，在国内城市接受本科教育的中国院士数量明显增多，20世纪90年代达到了47位，2000—2009年有52位，2010—2019年有57位。这一时期省会城市和直辖市依然是中国院士的主要教育地，同时非省会城市的地级市在20世纪90年代后作为中国院士本科教育地的功能逐渐显现。20世纪90年代、2000—2009年以及2010—2019年，京津冀地区、长江三角洲地区和东北地区是中国院士本科教育地的集中区域。北京、上海、南京、武汉、杭州等市依然是中国院士重要的本科教育地，同时东北地区的哈尔滨、沈阳、长春和大连在中国院士本科教育阶段起重要的作用。非省会城市的地级市，如青岛、大连、厦门、吉林、芜湖、南通、湘潭、保定、苏州、徐州、潍坊、唐山、金华、鞍山、常州、南充、晋中、汉中、抚顺、宜春、衡阳、荆州、洛阳、齐齐哈尔、大庆等也是20世纪90年代后中国院士主要的本科教育地。此外，中国院士的海外本科教育地自20世纪90年代开始转向俄罗斯,这一时期评选的院士海外本科学习地大多集中在莫斯科和圣彼得堡两个城市,这也和新中国成立初期奉行的对苏联"一边倒"的外交政策有密切关系。21世纪评选的院士在海外取得本科学位的人数较少,2000—2009年有15位,2010—2019年有4位,其主要集中在美国和俄罗斯。

三、最高学位获得地——从海外城市转向国内城市

20世纪50年代评选的院士的最高学位获得地79.47%集中在海外,随着时间的推移,海外获得最高学位的比例逐渐下降,20世纪80年代为67.02%,20世纪90年代为26.09%,2000—2009年为24.95%,到2010—2019年下降至21.44%(图4-1)。

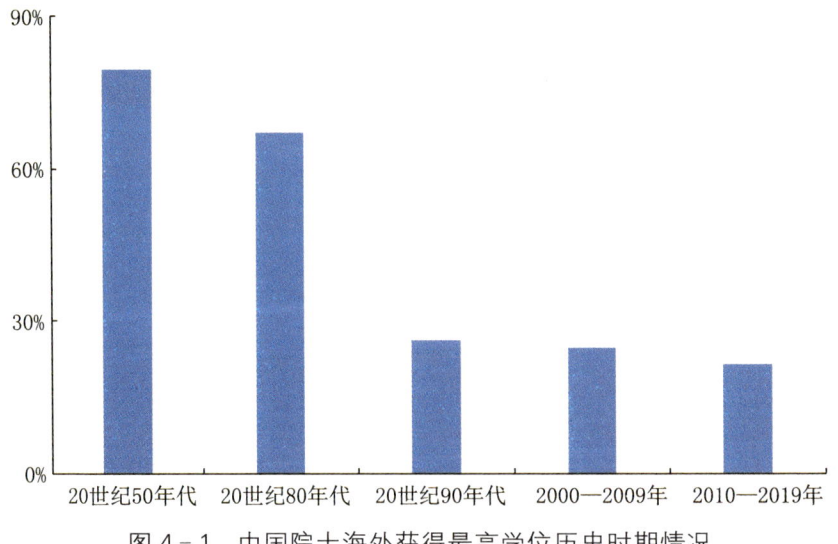

图 4-1 中国院士海外获得最高学位历史时期情况

院士的海外最高学位获得地主要集中在北美、欧洲以及日本等优质高等院校所在地。其中美国是中国院士主要的最高学位获得地的海外国家,占在海外取得最高学位的42%;其次是俄罗斯,占17%;英国占12%;德国占8%;日本占7%;法国占4%;加拿大占2%;其他国家只占8%(图4-2)。

第四章
中国院士的空间分布及其影响因素

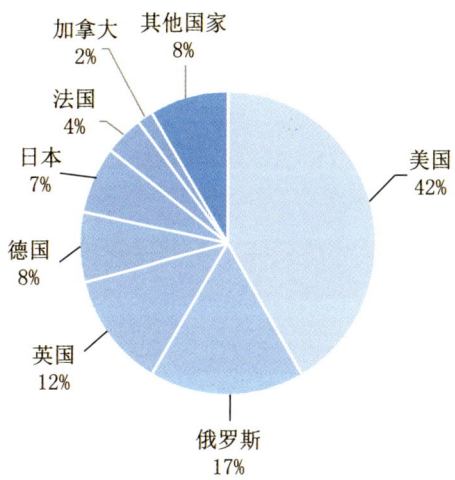

图 4-2 中国院士海外获得最高学位国家分布情况

从不同时期中国院士国外最高学位获得地空间分布来看，北美、欧洲和日本一直是中国院士国外最高学位获得地的主要地区，其中美国是中国院士海外取得最高学位人数最多的国家。20 世纪 50 年代，中国院士的国外最高学位获得地只集中在北美、西欧和日本的城市，这一时期美国为中国院士最主要的海外获得最高学位地的国家，海外获得最高学位的中国院士一半以上集中在美国，这一时期纽约、波士顿、芝加哥、洛杉矶、纽黑文、普林斯顿、匹兹堡是中国院士海外获得最高学位的主要美国城市。英国、德国和法国等西欧传统大国也是这一时期中国院士最高学位获得地的主要国家，其城市主要集中在柏林、巴黎、伦敦、剑桥、曼彻斯特、慕尼黑、利物浦等首都城市或其他优质高等院校集中的城市。这一时期中国院士在日本的最高学位获得地主要是东京。20 世纪 80 年代，中国院士国外最高学位获得地空间分布最大的变化是苏联的城市开始成为中国院士的最高学位获得地。这一时期美国依然是中国院士海外获得最高学位的主要国家，占总数的 62.23%，波士顿、芝加哥、洛杉矶、纽约、安娜堡、圣保罗、西拉法叶、费城等是中国院士在美国取得最高学位的主要城市。欧洲地区的英国、德国、法国的城市，如伦敦、剑桥、柏林、曼彻斯特、利物浦、爱丁堡是中国院士在西欧地区获得最高学位的主要城市。这一时期在苏联的莫斯科和圣彼得堡获得最高学位的院士较多，但在日本获得最高学位的较少。20世纪90年代，在俄罗斯取得最高学位的人数超过美国，达到109人，占这一时期在海外取得最高学位总人数的43.25%，在俄罗斯取得最高学位的城市主要是莫斯科和圣彼得堡，其中莫斯科60人，是这一时期中国院士海外获得最高学位人数最多的城市。这一时期，在美国的波士顿、纽约、伦敦、爱丁堡、费城、哥伦布、芝加哥、安娜堡、旧金山和日本的东京、札幌取得最高学位的院士也较多。2000—2009年，中国院士在国外获得的最高学位的国家主要是美国、日本、俄罗斯、英国、德国。美国是这一时期获得最高学位人数最多的国家，但海外获得最高学位的人数最多的城市是俄罗斯的莫斯科和日本的东京，在纽约、圣彼得堡、洛杉矶、波士顿、费城、芝加哥、旧金山、巴黎和慕尼黑获得最高学位的人数也较多。2010—2019年，美国、日本、德国、英国、法国、加拿大是中国院士海外获得最高学位集中的国家，美国依然是中国院士取得最高学位人数最多的国家。这一时期在俄罗斯取得最高学位的院士人数较少，东京是这一时期中国院士取得最高学位人数最多的城市，这一时期取得最高学位人数较多的城市还有纽约、巴黎、波士顿、华盛顿、仙台等市。

中国院士在国内获得最高学位的城市主要集中在中国优质高等教育资源集中的城市，主要分布在京津冀、长江三角洲、东三省和成渝地区的核心城市，其中在北京和上海获得最高学位的人数较多。从时间变化来看，最高学位获得地的空间分布不断扩大，城市数量不断增多。20世纪50年代，中国院士的最高学位获得地为两极格局，北京和上海是中国院士取得最高学位最主要的城市。20世纪80年代，北京依然是中国院士最主要的最高学位获得地，同时长江三角洲地区的杭州、南京和上海以及西南地区的昆明、重庆、成都也是这一时期中国院士主要的最高学位获得地。20世纪90年代，北京、上海、南京、杭州等城市依然是中国院士取得最高学位的主要城市，同时东北地区的哈尔滨、沈阳、长春，西部地区的西安以及中部地区的武汉也成为中国院士进行深造学习的城市。2000—2009 年，获得最高学位人数前二位的城市依然是北京和上海，但这一时期东北地区的哈尔滨、长春、沈阳，西部地区的西安、兰州，中部地区的合肥、武汉、郑州、南昌、长沙，华南地区的广州、香港和福州，以及环渤海地区的天津、济南、青岛、大连也是中国院士取得最高学位人数较多的城市。2010—2019 年，最高学位地的空间分布和前 10 年相似，院士获得最高学位人数较多的城市依次是北京、上海、西安、武汉、南京、杭州、成都、长沙、哈尔滨、长春、合肥、大连、兰州、沈阳等。

四、主要工作地——从北京、上海向其他城市扩散

从中国院士不同历史时期工作地的变化来看，北京和上海作为中国院士初次工作地、评选院士地以及当前工作地的比例整体都在下降，说明中国院士的主要工作地从北京和上海向其他城市扩散。

20 世纪 50 年代，中国院士的初次工作地主要集中在北京、上海，这两个城市作为中国院士初次工作地的数量占总数的 74.21%。20 世纪 80 年代，中国院士的初次工作地同样主要集中在北京、上海，这两个城市作为中国院士初次工作地的数量占总数的 74.55%。到 20 世纪 90 年代，在北京和上海初次工作的院士人数占总人数的 56.32%，在其他省会城市初次工作的院士人数则明显增多，如南京、武汉、哈尔滨、西安、长春、成都、沈阳、天津、长沙、合肥、杭州、广州、兰州、重庆、济南等市。2000—2009 年，在北京和上海初次工作的院士人数占总人数的比例进一步下降，为 42.95%，南京、西安、哈尔滨、合肥、武汉、香港、天津、杭州、长春、兰州、广州、沈阳、郑州等市也是这一时期中国院士重要的初次工作地。2010—2019 年，在北京和上海初次工作的院士人数占总人数的比例为 43.93%，其他主要初次工作地为武汉、南京、西安、长沙、杭州、长春、合肥、大连、广州、成都、哈尔滨、香港、青岛、昆明等。

中国院士获得地也同样从北京、上海向其他城市扩散。20 世纪 50 年代，在北京、上海获得院士的人数占总人数的 80%。20 世纪 80 年代，在北京、上

海获得院士的人数占总人数的77.66％，其他主要城市包括南京、天津、武汉等。20世纪90年代，在北京、上海获得院士的人数占总人数的63.15％，其他主要的院士获得地也主要集中在省会城市，如南京、西安、武汉、成都、广州、长沙、长春、哈尔滨、杭州、天津、沈阳、合肥、大连、兰州、重庆等。2000—2009年，在北京、上海获得院士的人数占总人数的比例进一步下降，为53.23％，其他主要的院士获得地有南京、西安、香港、天津、广州、武汉、哈尔滨、沈阳、杭州、合肥、长沙、青岛、大连、成都、长春、济南、郑州、兰州等。2010—2019年，在北京、上海获得院士的人数占总人数的比例为55.63％，其他主要的院士获得地有西安、武汉、南京、长沙、杭州、大连、广州、合肥、长春、香港、成都、哈尔滨、昆明、青岛、天津、兰州、厦门等。

各个时期，中国院士的当前工作地和院士获得地的空间分布大体一致。北京和上海依然是各个时期中国院士最主要的当前工作地。20世纪50年代，把北京、上海作为当前工作地的院士占总人数的79.47％，在其他城市工作的院士较少。20世纪80年代，把北京、上海作为当前工作地的院士占总人数的76.60％，院士的其他当前工作地还包括南京、天津、武汉、兰州、西安等市。20世纪90年代，把北京、上海作为当前工作地的院士占总人数的61.90％，这一时期院士的其他当前工作地还有南京、西安、武汉、广州、成都、长沙、杭州、哈尔滨、天津、长春、沈阳、合肥、青岛、济南、重庆、大连、兰州、昆明、徐州等。这一时期院士的主要当前工作地不仅集中在省会城市和直辖市，其他地级市如青岛、大连、徐州也成为中国院士重要的当前工作城市。2000—2009年，把北京、上海作为当前工作地的院士占总人数的52.22％，这一时期院士的其他当前工作地还有南京、西安、广州、武汉、香港、天津、杭州、沈阳、哈尔滨、长沙、合肥、大连、成都、郑州、太原、长春、深圳、青岛、济南、南昌等。2010—2019年，把北京、上海作为当前工作地的院士占总人数的55.20％，这一时期院士的其他当前工作地还有西安、武汉、南京、长沙、杭州、广州、合肥、大连、长春、哈尔滨、成都、香港、天津、青岛、厦门、重庆、深圳、昆明、石家庄等。北京和上海作为中国院士当前工作地的比例在各个阶段都接近于院士获得地的比例,从侧面反映出中国科学家在取得一定成功后空间流动较少,中国院士的工作地的变动较少。

第四节 中国院士空间分布的影响因素

为确保计算结果准确可信,在采用负二项式回归模型(式4-1)估计中国院士各阶段空间分布的影响因素之前,首先对模型进行多重共线性、内生性的检验与异方差的检验。计算发现,多重共线性检验结果显示均值vif为3.23,最大值为5.50,不满足vif最大值大于10,同时vif平均值大于1的标准[①],说明数据不存在多重共线性。内生性的检验结果显示p为0.939 2,说明数据没有内生性问题。为了使得估计结果更加稳健和对回归结果进行对比,分别引入自变量(模型1、2、3、4、5、6、7),再加入所有变量(模型8)。

一、出生地空间分布的影响因素

中国院士出生地空间分布影响因素的负二项回归结果如表4-3所示,从模型拟合程度来看,Alpha参数均不等于0,各因变量的显著性水平较高,具有较好的解释力。

经济水平对中国院士出生地分布具有正向影响。模型1估计的结果显示,地区生产总值的回归系数为正值,且通过了$p<0.01$的显著性检验,说明经济水平高的地区对教育和科技的投入较大,有利于人才的成长和培养,城市的经济水平越高其区域内出生的院士人数越多。

教育水平对中国院士出生地分布具有正向影响。模型2和模型3的估计结果显示,普通高等院校数量和双一流大学数量对城市内出生院士人数的回归系数都为正值,且都通过了$p<0.01$的显著性检验,说明区域的教育水平越高,

---

① STATACORP L P. Stata data analysis and statistical Software [J]. Special edition release, 2007(10):733.

表 4-3　中国院士出生地空间分布负二项回归估计

变量	模型 1 Y_1	模型 2 Y_1	模型 3 Y_1	模型 4 Y_1	模型 5 Y_1	模型 6 Y_1	模型 7 Y_1	模型 8 Y_1
X_1	2.527 7*** (0.216 3)							3.017 8** (1.186 6)
X_2		1.737 7*** (0.606 7)						0.589 1 (0.551 8)
X_3			1.710 6*** (0.431 4)					−0.074 6 (0.996 0)
X_4				0.199 7 (0.899 5)				0.227 8 (0.630 4)
X_5					−0.132 5 (0.894 2)			1.850 8*** (0.476 6)
X_6						1.522 6*** (0.505 0)		−1.061 5 (1.443 2)
X_7							2.333 8*** (0.613 1)	0.133 5 (2.900 9)
常数	−2.595 9*** (0.175 4)	−2.597 2*** (0.344 6)	−2.029 8*** (0.218 1)	−1.854 8*** (0.577 6)	−1.727 3*** (0.389 9)	−2.323 0*** (0.308 8)	−2.497 3*** (0.217 2)	−3.186 3*** (0.504 8)
lnalpha	−2 156.397 3 (0.000 0)	−69.021 2 (0.000 0)	−22.074 4 (0.000 0)	−56.266 1 (0.000 0)	−19.708 0*** (0.662 0)	−78.767 7 (0.000 0)	−23.791 0 (0.000 0)	−143.639 7 (0.000 0)
Wald chi2	136.60	8.20	15.73	0.05	3.50	9.09	14.49	617.47
Prob>chi2	0.000 0	0.004 2	0.000 0	0.824 3	0.061 5	0.002 6	0.000 1	0.000 0
Log pseudolikelihood	−8.216 2	−9.304 9	−9.159 2	−9.729 6	−4.795 9	−9.385 9	−8.737 6	−8.044 6
样本量	123	123	123	123	123	123	123	123

注：*** $p<0.01$，** $p<0.05$，* $p<0.1$。

培养出的院士人数越多。高等院校的数量和高等院校的质量对区域内院士的成长都具有正向的影响。

区域环境和院士出生地的分布没有直接关系。模型 4 的估计结果显示，建成区绿化覆盖率对城市内出生院士人数的回归系数为正值，但是没有通过显著性检验，说明院士出生地与区域建成环境没有直接的关系。模型 5 的估计结果显示，二氧化硫排放量对城市内出生院士人数的回归系数为负值，但没有通过显著性检验，说明污染情况与区域内院士出生没有关系。总之，区域环境和院士出生地的分布没有直接关系。

公共服务对院士出生地分布具有正向的影响，公共服务越健全的城市出生的院士越多。模型 6 和模型 7 的估计结果显示，医院数量和公共汽车数量对城市内出生院士人数的回归系数都为正值，且都通过了 $p<0.01$ 的显著性检验，说明健全优质的城市公共服务有利于院士的出生。

二、本科毕业地空间分布的影响因素

中国院士本科毕业地的空间分布负二项回归结果如表 4-4 所示，从模型拟合程度来看，Alpha 参数均不等于 0，各因变量的显著性水平较高，具有较好的解释力。

经济水平对中国院士本科毕业地分布具有正向影响。模型 1 估计的结果显示，地区生产总值的回归系数为正值，且通过了 $p<0.01$ 的显著性检验，说明城市的经济水平越高，就越容易成为院士的本科毕业地。其原因可能是经济水平高的地区对高等教育的投入较高，区域经济水平和高等教育在空间分布上具有耦合性。

教育水平对中国院士本科毕业地分布具有正向影响。模型 2 和模型 3 的估计结果显示，普通高等院校数量和双一流大学数量对城市内院士本科毕业人数的回归系数都为正值，且都通过了 $p<0.01$ 的显著性检验，说明高等院校的数量和高等院校的质量对区域内院士的培养都具有正向的影响，区域的教育水平越高，培养的院士人数越多。

表 4-4　中国院士本科教育地空间分布负二项回归估计

变量	模型 1 Y_2	模型 2 Y_2	模型 3 Y_2	模型 4 Y_2	模型 5 Y_2	模型 6 Y_2	模型 7 Y_2	模型 8 Y_2
X_1	2.9040*** (0.5679)							1.3449 (1.7267)
X_2		3.7028*** (0.7771)						1.3504* (0.7865)
X_3			2.8344*** (0.2294)					−0.3586 (1.6454)
X_4				2.5238 (1.7398)				0.6957 (0.9707)
X_5					−5.1330 (3.2826)			−1.5017* (0.9129)
X_6						2.5640** (1.0925)		0.0488 (1.7543)
X_7							3.3582*** (0.2783)	0.8823 (4.2900)
常数	−3.0565*** (0.2590)	−4.0797*** (0.5330)	−2.6756*** (0.2101)	−3.4443*** (1.0096)	−1.3094** (0.5640)	−3.0896*** (0.4470)	−3.2670*** (0.2610)	−3.6410*** (0.6093)
lnalpha	−32.3503 (0.0000)	−32.3503 (0.0000)	−32.3503 (0.0000)	−32.3503 (0.0000)	−32.3503 (0.0000)	−32.3503 (0.0000)	−32.3503 (0.0000)	−32.3503 (0.0000)
Wald chi2	26.15	22.71	152.64	2.10	2.45	5.51	145.61	418.06
Prob>chi2	0.0000	0.0000	0.0000	0.1469	0.1179	0.0189	0.0000	0.0000
Log pseudolikelihood	−6.7480	−6.8798	−6.65529	−7.8396	−7.7145	−7.4768	−6.4574	−6.2767
样本量	123	123	123	123	123	123	123	123

注：*** $p<0.01$，** $p<0.05$，* $p<0.1$。

区域环境和院士本科毕业地的分布没有直接关系。模型 4 的估计结果显示，建成区绿化覆盖率对城市内本科毕业院士人数的回归系数为正值，但是没有通过显著性检验，说明区域建成环境与院士本科毕业地的选择没有关系。模型 5 的估计结果显示，二氧化硫排放量对城市内本科毕业院士人数的回归系数为负值，但没有通过显著性检验，说明污染情况与区域内院士本科毕业没有关系。总之，区域环境和院士本科毕业地的分布没有直接关系。

公共服务对院士本科毕业地分布具有正向的影响。模型 6 和模型 7 的估计结果显示，医院数量和公共汽车数量对城市内本科毕业院士人数的回归系数都为正值，且都通过了 $p<0.01$ 的显著性检验，说明健全优质的城市公共服务有利于培养院士。

三、最高学位获得地空间分布的影响因素

中国院士最高学位获得地的空间分布负二项回归结果如表 4-5 所示，从模型拟合程度来看，Alpha 参数均不等于 0，各因变量的显著性水平较高，具有较好的解释力。

整体而言，中国院士最高学位分布地的影响因素和本科毕业地的影响因素相似。区域的经济水平、教育水平和公共服务水平对院士最高学位获得地分布具有正向的影响。

经济水平对中国院士最高学位获得地分布具有正向影响。模型 1 估计的结果显示，地区生产总值的回归系数为正值，且通过了 $p<0.01$ 的显著性检验，说明城市的经济水平越高，作为院士最高学位获得地的人数越多。

教育水平对中国院士最高学位获得地分布具有正向影响。模型 2 和模型 3 的估计结果显示，普通高等院校数量和双一流大学数量对城市内院士最高学位获得人数的回归系数都为正值，且都通过了 $p<0.01$ 的显著性检验，说明高等院校的数量和高等院校的质量对区域内院士的深造都具有正向的影响，区域的教育水平越高，吸引前来深造的院士人数越多。

表 4-5 中国院士最高学位获得地空间分布负二项回归估计

变量	模型 1 Y_3	模型 2 Y_3	模型 3 Y_3	模型 4 Y_3	模型 5 Y_3	模型 6 Y_3	模型 7 Y_3	模型 8 Y_3
X_1	3.235 2*** (0.688 6)							0.302 3 (1.612 4)
X_2		4.408 4*** (0.859 8)						0.720 6 (0.797 3)
X_3			3.199 6*** (0.198 2)					0.293 8 (1.647 1)
X_4				3.108 6 (2.102 4)				−0.305 7 (0.924 9)
X_5					−6.937 9 (4.222 5)			−1.851 2* (1.023 6)
X_6						3.041 9** (1.204 0)		−0.338 5 (1.822 6)
X_7							3.831 8*** (0.234 2)	2.777 7 (3.912 8)
常数	−3.488 6*** (0.248 6)	−4.826 3*** (0.544 0)	−3.095 8*** (0.199 2)	−4.067 8*** (1.252 4)	−1.393 5** (0.680 3)	−3.600 0*** (0.452 7)	−3.791 6*** (0.229 7)	−3.389 1*** (0.644 8)
lnalpha	−16.290 9*** (1.195 1)	−16.188 7*** (0.328 1)	−18.213 4 (0.000 0)	−294.711 7 (0.000 0)	−35.775 9 (0.000 0)	−16.048 5*** (2.592 7)	−16.007 8*** (0.825 2)	−51.045 2 (0.000 0)
Wald chi2	22.07	26.29	260.64	2.19	2.70	6.38	267.65	606.48
Prob>chi2	0.000 0	0.000 0	0.000 0	0.139 2	0.100 4	0.011 5	0.000 0	0.000 0
Log pseudolikelihood	−5.528 9	−5.550 9	−5.182 2	−6.533 9	−6.415 7	−6.120 5	−5.104 7	−4.975 6
样本量	123	123	123	123	123	123	123	123

注：*** $p<0.01$，** $p<0.05$，* $p<0.1$。

区域环境和院士最高学位获得地的分布没有直接关系。模型 4 的估计结果显示，建成区绿化覆盖率对城市内最高学位获得院士人数的回归系数为正值，但没有通过显著性检验，说明区域建成环境与院士最高学位获得没有关系。模型 5 的估计结果显示，二氧化硫排放量对城市内最高学位获得院士人数的回归系数为负值，但没有通过显著性检验，说明区域污染情况与区域内院士最高学位获得没有关系。总之，区域环境和院士最高学位获得地的分布没有直接关系。

公共服务对院士最高学位获得地分布具有正向的影响。模型 6 和模型 7 的估计结果显示，医院数量和公共汽车数量对城市内最高学位获得院士人数的回归系数都为正值，且都通过了 $p<0.01$ 的显著性检验，说明健全优质的城市公共服务有利于吸引院士前来深造。

四、工作地空间分布的影响因素

由于中国院士在工作阶段的城市变动较小，初次的工作地、院士获得地和当前工作地在城市尺度上的数量非常接近。这里选取中国院士当前工作地的负二项回归结果来揭示中国院士工作地的空间分布影响因素（表 4-6），从模型拟合程度来看，Alpha 参数均不等于 0，各因变量的显著性水平较高，具有较好的解释力。

经济水平对中国院士当前工作地分布具有正向影响。模型 1 估计的结果显示，地区生产总值的回归系数为正值，且通过了 $p<0.01$ 的显著性检验，说明城市的经济水平越高，吸引前来工作的院士人数越多。这和已有研究具有一致性，经济因素是人才就业考虑的重要因素之一，经济水平高的城市对院士具有较大的吸引能力。

教育水平对中国院士当前工作地分布具有正向影响。模型 2 和模型 3 的估计结果显示，普通高等院校数量和双一流大学数量对城市内当前工作院士人数的回归系数都为正值，且都通过了 $p<0.01$ 的显著性检验，说明城市的教育水平越高，吸引前来工作的院士人数越多。教育水平一定程度上代表了一个城市

表 4-6 中国院士当前工作地空间分布负二项回归估计

变量	模型 1 Y_6	模型 2 Y_6	模型 3 Y_6	模型 4 Y_6	模型 5 Y_6	模型 6 Y_6	模型 7 Y_6	模型 8 Y_6
X_1	3.851 1*** (0.886 3)							2.183 8* (1.155 8)
X_2		5.933 3*** (1.087 5)						1.190 9* (0.608 0)
X_3			3.916 8*** (0.186 8)					1.633 0 (1.346 7)
X_4				5.376 9*** (2.076 2)				0.740 8 (0.618 7)
X_5					−12.198 1* (6.523 4)			−2.337 1*** (0.891 9)
X_6						3.825 1*** (1.385 2)		0.980 1 (1.377 6)
X_7							4.750 7*** (0.245 6)	−1.466 6 (2.928 0)
常数	−4.218 7*** (0.287 2)	−6.349 3*** (0.760 2)	−3.861 6*** (0.200 8)	−6.033 7*** (1.469 0)	−1.385 0*** (0.855 4)	−4.427 6*** (0.512 3)	−4.759 2*** (0.246 4)	−4.720 9*** (0.473 7)
lnalpha	−30.260 1 (0.000 0)	−30.260 1 (0.000 0)	−30.260 1 (0.000 0)	−30.260 1 (0.000 0)	−30.260 1 (0.000 0)	−30.260 1 (0.000 0)	−30.260 1 (0.000 0)	−30.260 1 (0.000 0)
Wald chi2	18.88	29.77	439.75	6.71	3.50	7.62	374.24	8 391.53
Prob>chi2	0.000 0	0.000 0	0.000 0	0.000 0	0.061 5	0.005 8	0.000 0	0.000 0
Log pseudolikelihood	−30.260 1	−3.914 0	−3.470 9	−4.557 8	−4.795 9	−4.549 7	−3.460 0	−3.352 746
样本量	123	123	123	123	123	123	123	123

注：*** $p<0.01$，** $p<0.05$，* $p<0.1$。

的科研水平，教育水平较高的城市对院士选择工作具有较大的吸引能力。

良好的生活环境也是当前院士工作考虑的重要因素。模型 4 的估计结果显示，建成区绿化覆盖率对城市内当前工作院士人数的回归系数为正值，且通过了 $p<0.01$ 的显著性检验，说明优美的城市建成环境对院士工作具有重要的吸吸引力。①②模型 5 的估计结果显示，二氧化硫排放量对城市内当前工作院士人数的回归系数为负值，且都通过了 $p<0.1$ 的显著性检验，说明城市的污染对城市内院士工作产生了负向影响，城市污染越严重，城市内工作的院士人数越少，院士更倾向于选择环境优美的城市工作。总之，优美健康的城市环境对院士选择工作具有重要的吸引力。

公共服务对院士工作具有正向的影响，公共服务越健全，科学人数越多。模型 6 和模型 7 的估计结果显示，医院数量和公共汽车数量对城市内当前工作院士人数的回归系数都为正值，且都通过了 $p<0.01$ 的显著性检验，说明健全优质的城市公共服务有利于院士的工作。

通过上述分析发现，经济发达的地区为中国院士的成长提供了必要的经济基础。经济发达的地区在历史时期对基础教育的投入较大，有利于院士的培养。同时，经济发达的地区也是高等院校集聚和高等教育水平较高的地区，成为中国院士成才的主要摇篮。此外，经济发达的地区工资水平高，福利较好，基础设施健全，社会服务水平较高，能为院士提供优越的工作场所。所以，经济水平的高低是中国院士空间分布的基础影响因素。

教育水平的高低是决定中国院士成长的关键因素。首先，基础教育水平高的地区有利于院士的培养，良好的基础教育为院士未来的发展打下了坚实的基础。其次，高等教育阶段是院士成才的关键时期，丰富而优质的高等教育资源有利于院士的成才。再次，高等教育水平高的地区往往也是科研水平较高的地区，很多院士的工作单位就是高等院校，高等教育水平高的地区为院士提供了

---

① 魏妍妍. 城市（地区）环境对人才流动的影响分析 [J]. 中国劳动，2013（2）：10-12.
② 朱建军，祝艳春. 城市宜居环境对人才聚集影响研究 [J]. 科技资讯，2017，15（23）：235-236.

优越的科研环境。所以，教育水平是中国院士空间分布的决定因素。

公共服务条件是院士成长的重要保障。公共服务是保障人们基本生活的基础条件，功能齐全、条件优越的公共服务能更好地满足院士在成长过程中对自我发展的需求。优良的公共服务有助于培养院士，同时健全优质的社会服务也利于吸引院士前来就业。所以，公共服务条件是影响中国院士空间分布的重要因素。

优美清洁的环境是院士选择工作地考虑的重要因素之一。优美清洁的环境可以提高人民的生活质量，同时，优美、舒适、和谐的工作环境是提高院士工作效率和确保院士工作质量的必要条件。所以，区域环境是中国院士选择工作地考虑的重要因素之一。

第五节 本章小结

本章首先基于中国院士成长的六个阶段（出生地、本科毕业地、最高学位获得地、初次工作地、院士获得地和当前工作地），分析了中国院士各成长阶段的空间分布特征；其次，根据院士评选年份划分的不同历史阶段（20世纪50年代、20世纪80年代、20世纪90年代、2000—2009年、2010—2019年），分析了中国院士空间分布的演化特征；最后，从区域的经济水平、教育水平、城市环境和公共服务四个方面探究了中国院士空间分布的影响因素。主要研究结果如下。

从中国院士不同成长阶段的空间分布特征来看，中国院士的成长空间不断趋向集聚。出生地高度集中于东部沿海及长江流域，长江三角洲地区尤为突出；本科毕业地与国内高等教育资源地高度耦合，高校集中的城市突出；最高学位获得地更加集中于中国及世界高水平教育资源集聚的城市；初次工作地、当前工作地、院士获得地在空间格局上存在高度一致性，主要分布在国内经济发达的城市。

从不同历史时期中国院士空间分布特征来看，中国院士的出生地和教育地在历史阶段变化较大，工作地的变动较小。中国院士的出生地从东部沿海向中部内陆扩散；本科学习地由零散的几个省会城市向其他地级市逐渐扩散，其涵盖的城市范围逐渐扩大；最高学位获得地在初期主要集中在海外，其逐渐从海外城市转向国内城市；院士的主要工作地从北京、上海等一线大城市向其他城市扩散，北京和上海作为中国院士工作地的比例在逐渐降低。

从中国院士空间分布的影响因素来看，经济水平的高低是中国院士空间分布的基础影响因素，经济发达的地区为中国院士的成长提供了必要的经济条件；教育水平是中国院士空间分布的决定因素，教育水平较高的区域有利于院士的成长、培养和发展；公共服务条件是影响中国院士空间分布的保障因素，优良的公共服务有助于培养院士，同时健全优质的社会服务也利于吸引科学家前来就业；区域环境是影响中国院士工作地分布的重要因素，优美清洁的环境是科学家选择工作地考虑的重要因素之一。

第五章
中国院士的空间流动及其驱动机制

Chapter 05

科技人才的流动是社会经济发展的需要。合理有序的科技人才流动不仅可以优化科技结构和布局，促进科学技术的进步，也可以产生巨大的人才效应和社会效应。[1]从人才的自身发展来看，流动是个人追求自身发展、实现个人价值的理性决策，流动可以促进科技人才的自我提升和自我价值的实现，可以发挥科技人才的创造性和能动性；从社会进步的角度来看，科技人才的流动可以优化社会人力资源配置，提高社会的创新能力和企业的工作绩效；从区域的发展而言，人才流动是实现区域间人才合理配置的有效途径。人才流动促进人才集聚，丰富的人力资源会产生规模效应，能够有效推动人才集聚地的知识创新、技术创新、科技进步和社会发展。

两院院士作为中国顶尖的科技创新人才、科学家的杰出代表，一定程度上体现了中国最高的科学技术水平[2]，两院院士

---

[1] 白春礼. 青年科技人才成长环境研究 [M]. 北京：科学出版社，2009.
[2] 李醒民. 科学家及其角色特点 [J]. 山东科技大学学报（社会科学版），2009，11 (3)：1-12.

的流动势必会促进区域的人才集聚效应，对区域内人才培养、科技创新和经济发展产生重要的影响，促使区域在科技创新竞争中占据主导优势。此外，作为知识流动与传播的主要载体之一，两院院士不同成长阶段的空间迁移一定程度上促进了知识的集聚与扩散，推动了知识中心乃至科技中心的形成与发展。[①]因此，两院院士的空间迁移成为当前亟须深入研究的重要课题。

在现实地理空间中，人才集聚是一个动态非线性、多要素交互的过程，存在多重复杂的流动现象和迁移特征，单一静态的研究方法无法揭示人才空间过程的全貌，也不能满足复杂多变的现实情况，因此，亟须从动态的网络视角对科学家的空间迁移过程及其机理进行更为深入的剖析。目前，地理学关于复杂网络的运用，主要集中于航运[②]、公路[③]、铁路[④]、航空[⑤]等交通网络以及贸易[⑥]、投资[⑦]等流动网络。而在知识经济时代，以城市为代表的网络节点联系并不只是有形的实体流，以论文[⑧]、专利[⑨]、高级技术人才以及高技术企业为载体的知识流对城市的协同创新同样具有重要意义。[⑩]其中，人才作为"意会"

[①] 孙玉涛, 国容毓. 世界科学活动中心转移与科学家跨国迁移——以诺贝尔物理学奖获得者为例[J]. 科学学研究, 2018, 36 (7): 1161-1169.

[②] DUCRUET C, CUYALA S, EL HOSNI A. Maritime networks as systems of cities: The long-term interdependencies between global shipping flows and urban development(1890—2010)[J]. Journal of transport geography, 2018, 66:340-355.

[③] 柯文前, 陈伟, 杨青. 基于高速公路流的区域城市网络空间组织模式——以江苏省为例[J]. 地理研究, 2018, 37 (9): 1832-1847.

[④] 王姣娥, 景悦. 中国城市网络等级结构特征及组织模式——基于铁路和航空流的比较[J]. 地理学报, 2017, 72 (8): 1508-1519.

[⑤] GRUBESIC T H, MATISZIW T C, ZOOK M A. Global airline networks and nodal regions[J]. GeoJournal, 2008, 71(1):53-66.

[⑥] CHEN Z, AN H, AN F, et al. Structural risk evaluation of global gas trade by a network-based dynamics simulation model[J]. Energy, 2018, 159:457-471.

[⑦] 杨文龙, 杜德斌, 游小珺, 等. 世界跨国投资网络结构演化及复杂性研究[J]. 地理科学, 2017, 37 (9): 1300-1309.

[⑧] 刘承良, 桂钦昌, 段德忠, 等. 全球科研论文合作网络的结构异质性及其邻近性机理[J]. 地理学报, 2017, 72 (4): 737-752.

[⑨] 段德忠, 杜德斌, 谌颖, 等. 中国城市创新技术转移格局与影响因素[J]. 地理学报, 2018, 73 (4): 738-754.

[⑩] 马海涛, 黄晓东, 李迎成. 粤港澳大湾区城市群知识多中心的演化过程与机理[J]. 地理学报, 2018, 73 (12): 2297-2314.

知识的载体,其空间流动或空间迁移会促进城市间知识的传播、扩散与溢出。[1]鉴于此,在第四章揭示中国院士空间分布规律的基础上,本章进一步探究中国院士的空间流动特征及其驱动机制。运用社会网络方法刻画中国院士流动网络,从网络节点度中心性、加权度中心性和介数中心性的特征,网络的等级层次结构、网络节点的功能等方面探究网络的拓扑结构特征和网络空间结构;在国家、区域和个人尺度上,从国家政策、区域经济水平及教育水平和个人特质视角切入,分析推动院士个体空间迁移与流动网络的动力机制。

第一节 研究数据与研究方法

一、数据来源

本章采用履历分析法(curriculum vitae,CV)识别院士个体的成长路径信息。履历分析法是以个人背景、工作与生活经历等履历为基本数据,对被分析人员的人生信息进行分析评价的方法,是一种研究高端人才简洁高效的分析方法。[2]首先,借鉴相关人才成长路径划分方法,本研究把院士的成长划分为六个阶段,分别为出生地(Bir-C)、本科毕业地(Uni-C)、最高学位获得地(Hig-C)、初次工作地(Fir-C)、院士获得地(Aca-C)和当前工作地(Pre-C);其次,通过网络信息检索(两院网站、工作单位网站等)、文献查询(传记等相关统计资料)、访谈、邮件征询等数据收集方式获取了每位院士六个成长阶段的相关信息;最后,将院士成长阶段的相关信息转化为相应的城市空间信息,最终构建出中国院士成长阶段空间信息数据库。

二、网络构建

院士成长路径在空间上的投影可抽象为以院士为媒介、以城市为载体的流

---

[1] 马海涛. 基于人才流动的城市网络关系构建 [J]. 地理研究, 2017, 36 (1): 161-170.
[2] 张波. 国内高端人才研究:理论视角与最新进展 [J]. 科学学研究, 2018, 36 (8): 1414-1420.

动网络。L-space 模型和 P-space 模型是目前较为常用的两种复杂网络邻接矩阵的构建方法。L-space 模型是识别城市之间的直接联系[①],采用此模型构建院士流动网络即认为院士的成长路径是一个单向不可逆的递归路径,而院士在其出生地、教育地、工作地之间存在多次往返,因而以院士成长路径建立的城市联系应是一个复合交叠的网络。可见,L-space 模型无法全面反映中国院士空间流动的实况(图 5-1a)。P-space 模型认为如果网络中任意两个点可通过一次联系连接在一起,那么则认为这两点相连[②]。在 P-space 模型下院士个体成长路径形成一个无向完全连接的小型网络,该模型认定相关地点都因院士的成长路径产生复合交叠的联系(图 5-1b)。因此,P-space 模型能系统、准确地反映出现实状况下院士流动而形成的城市联系网络。

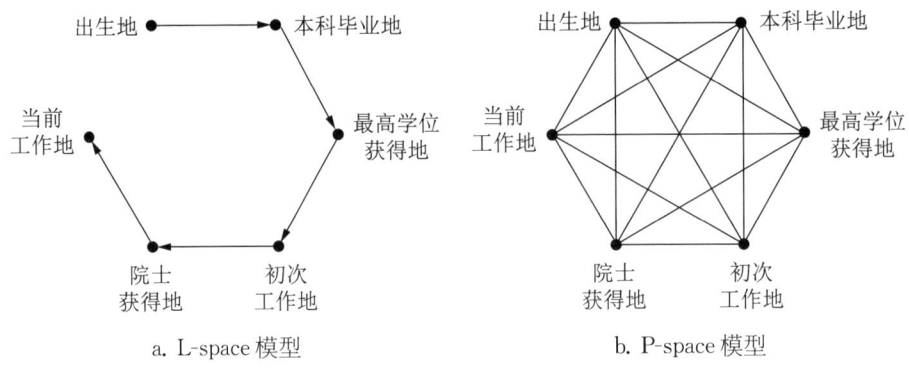

图 5-1　中国院士流动网络邻接矩阵抽象模型

在构建 P-space 模型时,存在多个成长阶段为同一城市的情况。如果院士成长阶段的地点没有变动,则城市联系为 0;在 2 个城市间变动,城市联系为 1;在 3 个城市间变动,城市联系为 3;在 4 个城市间变动,城市联系为 6;在 5 个城市间变动,城市联系为 10;在 6 个城市间变动,城市联系为 15。借助

---

① 段德忠,刘承良,杜德斌,等. 基于二分网络的北京公交线路布局的空间依赖性[J]. 地理学报,2016,71(12):2185-2198.

② SEN P, DASGUPTA S, CHATTERJEE A, et al. Small-world properties of the Indian railway network [J]. Physical review E, 2003, 67(3):36106.

Pajek 和 Gephi 等社会网络分析技术构建中国院士流动网络，包括 469 个城市节点，3 792 条边数。

三、测度模型

1. 网络属性测度模型

(1) 度中心性。度中心性是指与某一节点连接的其他节点的数目，表征连接程度，有向网络节点度中心性又分为出度和入度。在中国院士流动网络中，节点的度中心性表示与该城市有院士流动的城市数量，度中心性越大表示与该城市联系的其他城市的数量越多。度中心性测度模型如下：

$$C_d(i) = \sum_{j=1}^{n} a_{ij} \qquad (式 5\text{-}1)$$

式中：$C_d(i)$ 表示城市的度中心性；a_{ij} 表示中国院士流动网络矩阵，有院士流动关系的赋值为 1，没有院士流动关系的赋值为 0。

(2) 加权度中心性。加权度中心性又称强度中心性，是与某一节点直接相连接的边的权重，有向网络节点加权度中心性又分为加权出度和加权入度。中国院士流动网络中，节点加权度中心性表示流入该城市的中国院士和该城市流出到另外城市的院士的数量总和。加权度中心性测度模型如下：

$$C_S(i) = \sum_{j \in v} w_{ij} \qquad (式 5\text{-}2)$$

式中：$C_S(i)$ 表示城市的加权度中心性；v 表示与节点 i 直接相连的节点集合；w_{ij} 表示连接城市 i 和 j 之间院士流动的数量，即为权重。城市的加权度中心性越大表示该城市在中国院士流动网络中的地位越重要。

(3) 介数中心性。介数中心性又称中间中心性，是指网络中所有最短路径中经过该节点的路径占所有节点最短路径总数的比例。在中国院士流动网络中，该项指标表示院士到达该节点的可能性，也反映出该城市的"中介""中转站"的能力。介数中心性测度模型如下：

$$C_b(i) = \sum_{\substack{j=1; \, k=1 \\ j \neq k \neq 1}}^{n} \frac{n_{jk}(i)}{n_{jk}} \qquad (\text{式 5-3})$$

式中：$C_b(i)$ 表示城市的介数中心性；n_{jk} 表示节点 v_j 和节点 v_k 之间的最短路径条数；$n_{jk}(i)$ 表示节点 v_j 和节点 v_k 之间的最短路径经过节点 v_i 的条数。

2. 城市角色识别模型

区位熵首先由哈盖特（Haggett）提出，其运用于区位分析的相关研究中，是衡量某一区域要素的空间分布情况，反映某一产业部门的专业化程度，以及某一区域在高层次区域中的地位和作用的研究方法。本研究的区位熵指标主要是用于识别各城市在中国院士成长过程中扮演的角色。鉴于多数城市在中国院士流动网络中处于边缘或半边缘位置，只有少数城市是院士流动的"富节点"，本研究选取加权度中心性前50座城市进行区位熵分析，公式如下：

$$Q_g^j = \frac{\dfrac{N_g^j}{N^j}}{\dfrac{\sum_{j=1}^{m} N_g^j}{\sum_{j=1}^{m} N^j}}, \quad j \in m(1, 2, 3, \cdots\cdots, 50) \qquad (\text{式 5-4})$$

式中：Q_g^j 为 j 城市在 g 阶段的区位熵；N_g^j 为 j 城市在院士 g 阶段拥有的院士数量；N^j 为 j 城市在院士六个阶段拥有的院士数量。

从传统区位熵模型可知，识别仅挑选出来的50座城市，与现实初衷不符，即仅识别加权度中心性前50座城市在全部469座城市中所扮演的角色所得结果与现实存在出入。因此，借鉴段德忠（2018）等对企业家成长路径相关城市角色识别模型的思路，对传统区位熵模型（分母部分）进行修正如下。

（1）前50座城市的加权度中心性值占所有城市加权度中心性值的比重越

高，则说明这前 50 座城市在中国院士流动网络中扮演的角色越重要。

$$R_g^{\text{top50}} = \alpha_1 \frac{\sum_{j=1}^{m} C_S(j)}{\sum_{i=1}^{v} C_S(i)} \quad \text{(式 5-5)}$$

式中：R_g^{top50} 为加权度中心性前 50 座城市整体在院士成长过程中所起到的作用大小；$C_S(j)$ 是城市 j 的加权度中心性；$C_S(i)$ 是全部城市的加权度中心性总值；α 为系数。

(2) 由于中国院士成长在六个阶段分布城市的数量差异较大，院士群体在某一阶段分布的城市数量越少，则该阶段城市的重要性就越大。这一点反映到 50 座城市上就是，前 50 座城市在 g 阶段拥有的院士数量占该阶段院士总数的比例越大，则说明这 50 座城市在 g 阶段扮演的角色就越重要。

$$R_g^{\text{top50}} = \alpha_2 \frac{\sum_{j=1}^{m} N_g^j}{\sum_{i=1}^{v} N_g^i} \quad \text{(式 5-6)}$$

式中：R_g^{top50} 为加权度中心性前 50 座城市在院士成长 g 阶段所起到的作用大小；N_g^j 为在 50 座城市中 j 城市在 g 阶段拥有的院士数量；α 为系数。

基于此，本文将区位熵模型进行修正，如下：

$$M\_Q_g^j = \frac{\frac{N_g^j}{N^j}}{\frac{\sum_{j=1}^{m} N_g^j}{\sum_{j=1}^{m} N^j}} * \frac{\sum_{j=1}^{m} C_S(j)}{\sum_{i=1}^{v} C_S(i)} * \frac{\sum_{j=1}^{m} N_g^i}{\sum_{i=1}^{v} N_g^i} \quad \text{(式 5-7)}$$

式中：$M\_Q_g^j$ 为加权度中心性前 50 座城市中的 j 城市在 g 阶段的修正区位熵值。通过计算，我们得到一个 $M\_Q_g^j$ 区位熵值矩阵，如下：

$$M\_Q_g^j = \begin{bmatrix} M\_Q_{Bir}^1, & M\_Q_{Uni}^1, & M\_Q_{Hig}^1, & M\_Q_{Fir}^1, & M\_Q_{Aca}^1, & M\_Q_{Pre}^1 \\ M\_Q_{Bir}^2, & M\_Q_{Uni}^2, & M\_Q_{Hig}^2, & M\_Q_{Fir}^2, & M\_Q_{Aca}^2, & M\_Q_{Pre}^2 \\ M\_Q_{Bir}^3, & M\_Q_{Uni}^3, & M\_Q_{Hig}^3, & M\_Q_{Fir}^3, & M\_Q_{Aca}^3, & M\_Q_{Pre}^3 \\ & & \cdots\cdots & & & \\ & & \cdots\cdots & & & \\ M\_Q_{Bir}^{50}, & M\_Q_{Uni}^{50}, & M\_Q_{Hig}^{50}, & M\_Q_{Fir}^{50}, & M\_Q_{Aca}^{50}, & M\_Q_{Pre}^{50} \end{bmatrix}$$

(式 5-8)

根据这个矩阵，我们通过比较行列最大值，对这 50 座城市的职能进行精准识别：步骤一，通过比较每行最大值赋予每座城市一个初始角色（如出生阶段区位熵值最大，则为奠基型；本科毕业阶段熵值最大，则为教育型；最高学位阶段熵值最大，则为深造型；首次工作阶段熵值最大，则为初创型；获得院士阶段熵值最大，则为成就型；当前工作阶段熵值最大，则为稳定型），此步骤的目的是识别城市最主要的角色。步骤二，通过比较每列最大值赋予城市附加角色，若某个城市拥有某列上的最大熵值，则在步骤一的基础上附加对应的角色；如果和步骤一的角色重复，选取唯一角色，不重复则在步骤一所得角色上累加步骤二的角色。

第二节 中国院士空间流动网络特征

总体分析，中国院士流动网络呈现为以北京为核心的"放射-辐合"形态，城市节点大小和城市间院士的流量具有明显的空间非均衡性，北京、上海、南京三个城市尤为突出（图 5-2）。此外，国内省会城市及直辖市（如武汉、西安、杭州、哈尔滨、天津、成都、长沙、合肥、广州、长春、重庆、沈阳等）和俄罗斯、美国、日本等国家的大城市（如莫斯科、圣彼得堡、波士顿、纽约、东京等）是院士空间迁移的热点。城市间院士的流量差异表现在北京—

上海、北京—南京之间的院士流动频次在整个网络中处于较高位置，而其他城市间的院士流量较小，表明院士的空间迁移更倾向在国内大城市之间。

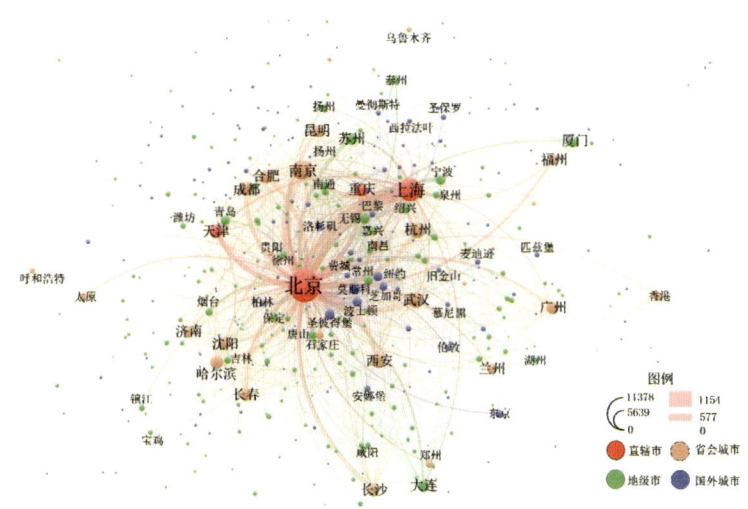

图 5-2　中国院士流动网络

注：图中节点的大小与节点的加权度中心性成正比，即该城市到达或流出的中国院士数量越多，节点就越大；线的粗细与中国院士的流量成正比。

一、网络节点特征

1. 度中心性

中国城市的度中心性差异显著。在国内城市中，度中心性高值区主要集中在以北京为中心的京津冀城市群、以武汉为中心的长江中游城市群、以成都和重庆为双核心的成渝城市群、以上海为中心的长江三角洲城市群等地区，其中直辖市、省会城市的度中心性较为突出。度中心性位列前三的依次为北京、上海、南京，表明这些城市是院士成长路径空间迁移的重心。

在国际城市中，有192个国外城市与中国院士的成长有关联，集中在西欧、北美和日本地区。其中，美国的城市最多，有56个城市和中国院士的成长有关系；德国27个、英国23个、日本17个、法国13个、加拿大6个，以及俄罗斯、瑞士、比利时各4个。度中心性前十位的国外城市分别是莫斯科、纽约、东京、波士顿、圣彼得堡、芝加哥、洛杉矶、巴黎、伦敦、安娜堡。

2. 加权度中心性

中国院士流动网络加权度中心性遵循"二八法则"。整体网络的平均加权度中心性为96.49，将加权中心性大于96.49的城市命名为高度城市，加权中心性小于96.49的城市命名为低度城市，其中高度城市为57个，占城市总数的12.15%。说明在中国院士成长过程中只有少数的城市扮演着重要的角色，而大部分城市位于网络边缘，即中国院士流动网络中不同城市发挥的作用存在明显差异。

中国城市的加权度中心性空间分布不均衡，东西差异明显。东部地区尤其是东部沿海地区的城市加权度中心性较高，西部地区的城市加权度中心性较低。在国内城市中，加权度中心性"一超多强"的空间格局尤其突出，且加权度中心性较高的城市主要为省会城市或直辖市。北京加权度中心性以11 378的绝对优势位居首位，具有较高的首位度，约为上海加权度中心性（3 926）的3倍，南京（2 320）、武汉（1 210）、西安（1 156）紧随其后。在国际城市中，加权度中心性较高的国外城市主要集中在美国、俄罗斯、日本、英国、德国、法国这些国家。其中加权度中心性排名前十位的国外城市包括莫斯科、圣彼得堡、波士顿、纽约、东京、芝加哥、洛杉矶、伦敦、巴黎、柏林。

3. 介数中心性

在国内城市层面，介数中心性高的城市分布较为零散，高值主要分布在胡焕庸线东南部地区。说明中国院士的成长路径与中国人口分布态势存在一定耦合性。介数中心性前十位的国内城市分别是北京、上海、南京、杭州、武汉、重庆、台州、福州、长沙、无锡。这些城市成为介数中心性高值区的原因包括：一是这些城市经济较其他地区发达，重视教育事业，教育事业领先于全国或该市所处的区域，成为中国院士的主要出生地；二是这些城市是中国高等院校的集中地，高校的数量远远超过其他地区，优质的教育资源使这些城市成为中国院士的主要教育地；三是这些城市存在众多制造企业和科研机构，能够为中国院士提供必要的科研场所，成为孕育中国院士的重要土壤。

在国际城市层面，美国、俄罗斯、日本、英国和法国是介数中心性高值的集中地。介数中心性排在前 100 位的国外城市有莫斯科、纽约、圣彼得堡、波士顿、安娜堡、东京、芝加哥、洛杉矶、巴黎、爱丁堡、曼彻斯特、伦敦、圣保罗。这些国外城市的高校数量和质量以绝对优势超过其他区域，其以优质的教育资源吸引了一大批中国院士前来深造，成为中国院士流动的重要"桥梁"。

二、等级层次结构

采用 Pajek 块模型分析中的层次聚类分析法（hierarchical clustering），依据加权度中心性，获取层次文件，将中国院士流动网络划分为四个层次，网络等级层次呈"金字塔形"结构（表 5-1）。

表 5-1 中国院士流动网络等级层次结构特征

等级	节点数量	平均度中心性	平均强度中心性	平均离心度	平均亲密中心性	平均介数中心性	密度
第一层次	3	355.00	5 874.67	3.00	0.63	34 147.95	0.79
第二层次	14	122.29	784.07	4.00	0.52	3 907.64	0.45
第三层次	32	51.72	253.84	3.88	0.49	862.37	0.19
第四层次	420	7.35	20.30	4.05	0.40	19.81	0.03
整个网络	469	16.03	96.49	4.03	0.41	411.66	0.06

第一层次为北京、上海和南京，这三个城市位于整个网络的中心。北京是中国院士的主要出生地，更是中国院士的首要教育地和工作地，在中国院士成长过程中扮演着不可替代的作用。研究样本中，上海出生的中国院士最多，上海和南京作为教育地、工作地拥有的院士数量分别居第二、三位。这三个城市成为院士流动的重要节点，处于整个网络金字塔的顶端。

第二层次的城市共有 14 个。武汉、西安、杭州、哈尔滨、天津、成都、长沙、合肥、长春、重庆、沈阳、苏州、昆明等 13 个国内城市以及俄罗斯的莫斯科构成了中国院士流动网络的第二梯队。第二层次的国内城市主要是中国院士的出生地，同时肩负着次要于北京、上海和南京的中国院士教育、就业的功能，但第二层次的外国城市主要是中国院士的教育地。

第三层次由 32 个城市构成，主要包括国内的省会城市，如广州、福州、郑州、太原、南昌、济南、兰州、石家庄等，还包括区域性中心城市，如大连、扬州、南通、嘉兴、青岛、保定、厦门、烟台、徐州、常州、宁波、无锡、绍兴、唐山、泰州等，也包括国际区域性城市乃至世界城市，如东京、伦敦、纽约、中国香港、柏林、圣彼得堡、洛杉矶、芝加哥、波士顿等。这个层次的结构特征各项指标接近网络平均值，其中国内的省会城市兼为中国院士的出生地、教育地和工作地，但国内区域性城市主要是中国院士的出生地，外国城市主要是中国院士的教育地。

第四层次城市数量较多，由 420 个节点构成。相对其他层次城市的重要性，第四层次的城市位于整个网络的边缘地带。这些城市相对于其他层次的城市经济发展水平较低，科学教育水平相对落后，既不是中国院士的主要出生地，也不是中国院士的主要教育地或工作地。第四层次的网络结构特征的各项指标大多低于整个网络的平均水平。

Pajek 生成的区分文件以 2D 格式输出到 VOSviewer 中，绘制出中国院士流动网络等级层次结构图（图 5-3）。图中节点的大小与该节点的强度成正比，边的大小与两个城市间流动的院士数量成正相关。从中国院士流动网络等级层次结构图可以看出，中国院士流动网络发育为明显的"核心-边缘"等级渐进式形态，划分为核心区、半边缘地带、边缘地带三大城市组团。

核心区即为第一层次的城市，是中国院士流动网络的枢纽节点，北京、上海和南京位于中国院士流动网络的核心区。这三个节点具有大量的边，平均度中心性达到 355，平均加权度中心性达到 5 874.67，三个城市成为整个网络的"富节点"，且三个城市之间彼此相互连接，上海到北京入度为 1 072，在所有节点的入度中排第一；南京到北京入度为 572，在所有节点的入度中排第二，网络的"富人俱乐部"（rich club，复杂网络中的一种特殊现象，一些度较大的节点即富节点相对于度小的节点往往更趋向于紧密联系在一起，从而形成一个"俱乐部"）特征明显。

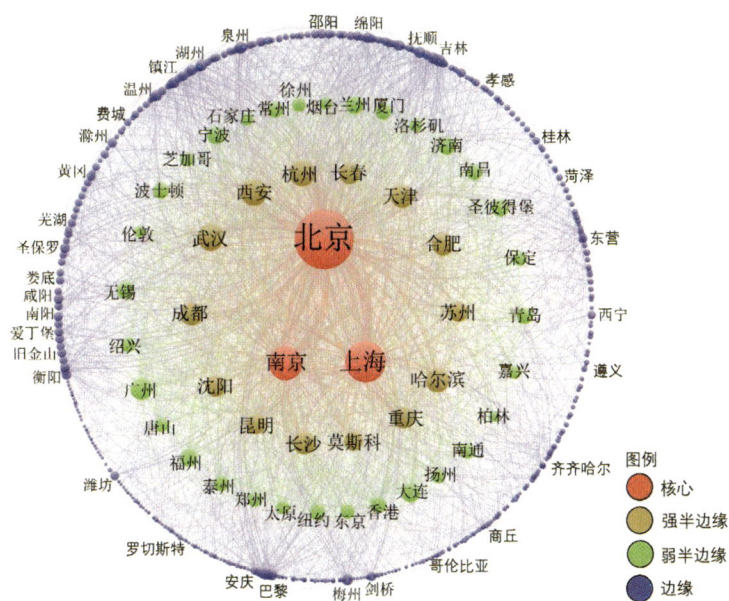

图 5-3 中国院士流动网络等级层次结构

半边缘地带由第二和第三层次的城市构成，包括第二层次的 14 个城市和第三层次的 32 个城市。半边缘地带由 46 个城市构成，这些城市在创新网络中扮演着从属的角色，与核心城市之间存在着较多的中国院士流动，但半边缘城市之间或与边缘地带的城市联系强度较低，半边缘地带的网络密度和平均加权度中心性等网络特性处于整个网络的居中地位。半边缘地带的一部分城市作为中国院士的输出地，节点出度较高，如苏州、宁波、无锡等；一部分城市高等院校集聚，教育水平领先，吸引了部分中国院士前来深造，如莫斯科、哈尔滨、合肥等；一部分城市兼中国院士教育地与工作地，如武汉、长沙、长春等。

多数城市位于中国院士流动网络的边缘地带，该地带为第四层次的城市，多达 420 个。边缘地带城市是少数中国院士流动的城市，这些城市在网络中扮演着附属角色。边缘地带网络密度仅为 0.03，平均度中心性为 7.35，平均加权度中心性为 20.30，说明此地带的城市彼此之间联系较少且与核心城市的联系也有限。

三、节点角色识别

通过区位熵模型对中国院士流动网络加权度中心性前 50 的城市进行角色识别，发现不同城市在院士流动网络中承担的功能与角色差异显著，仅北京兼具成就型与稳定型两种角色，其他城市均扮演单一角色。同时发现与院士成长路径对应的奠基型、教育型、深造型、初创型、成就型、稳定型的城市数量出现了递减的趋势，说明伴随院士的成长，院士对城市的选择性越来越强，对城市发展的要求越来越严格，仅部分城市能满足院士的成长要求，也反映出高端人才在空间上表现为高度集聚的态势（表 5-2）。

表 5-2　中国院士流动网络加权度中心性前 50 的城市的角色识别

类型及数量	城　　市
成就兼稳定型（1）	北京
稳定型（2）	广州、青岛
成就型（1）	香港
初创型（5）	郑州、大连、长春、兰州、沈阳
深造型（9）	哈尔滨、莫斯科、洛杉矶、波士顿、圣彼得堡、伦敦、东京、纽约、芝加哥
教育型（14）	太原、西安、南昌、长沙、武汉、上海、天津、成都、济南、南京、厦门、合肥、杭州、昆明
奠基型（18）	徐州、重庆、福州、扬州、吉林、烟台、无锡、保定、苏州、宁波、南通、石家庄、唐山、台州、绍兴、嘉兴、泉州、常州

北京是唯一的成就兼稳定型城市，拥有众多科研人才，人才集聚效应显著，因此院士倾向选择在北京获取学术成就。同时，北京的高校集聚，科研院所众多，是院士青睐的工作科研场地，其成为院士重要的稳定型城市。香港拥有众多的国际高水平大学，是培养中国科技人才的摇篮，也是中国院士重要的成就地。广州和青岛为稳定型城市，这两个城市高校数量较多，拥有中国顶尖科研机构分属机构，如广州有中国科学院广州地球化学研究所、中国科学院南海海洋研究所、中国科学院广州能源研究所等，青岛有中国科学院海洋研究所、自然资源部第一海洋研究所、中国科学院青岛生物能源与过程研究所等，

同时广州和青岛为科研人员提供了较高的薪资待遇。郑州、大连、长春、兰州、沈阳为初创型城市，是中国院士接受本科教育的主要城市，较多院士在完成本科教育后选择在当地就业，同时说明这些城市相对于稳定型城市就业门槛较低。深造型城市除哈尔滨外均为国外城市，表明院士更加倾向到国际一流大学或机构深造，而哈尔滨作为重要的深造型城市存在路径依赖，很大原因是哈尔滨拥有高水平大学，如哈尔滨工业大学、哈尔滨工程大学等。教育型城市（太原、西安、南昌、长沙、武汉、上海、天津、成都、济南、南京、厦门、合肥、杭州、昆明）拥有其所在地区优质的高等教育资源，扮演着院士基础教育的功能。扮演奠基型角色的城市多数集中在东南沿海尤其是长江三角洲地区，这些城市经济基础雄厚，教育氛围浓厚，为院士的成长奠定了良好的基础。

第三节 中国院士流动网络的驱动机制

中国院士不同成长阶段的空间迁移在地理投影上可抽象为院士的流动网络，而科学家的空间迁移实质上是一种人口流动现象。虽然人口流动的相关理论，如推拉理论[1]、人力资本理论[2]、二元劳动力市场理论[3]、年龄-迁移率理论模型[4]等在一定程度上适用于解释中国院士流动网络的驱动机制，但由于院士群体的独特性，其流动网络驱动机制有其特殊之处。本研究在国家、区域和个人尺度上，从国家政策、区域经济水平及教育水平和个人特质视角切入，分析推动院士个体空间迁移与流动网络的动力机制（图5-4）。

---

[1] LEE E S. A theory of migration [J]. Demography, 1966, 3(1):47-57.
[2] SCHULTZ T W. Investment in human capital [J]. The American economic review, 1961: 1-17.
[3] DOERINGER P B, PIORE M J. Internal labor markets and manpower analysis [M]. New York: ME Sharpe, 1985.
[4] ROGERS A. Model migration schedules: an application using data for the Soviet Union [J]. Canadian studies in population, 1978, 5:85-96.

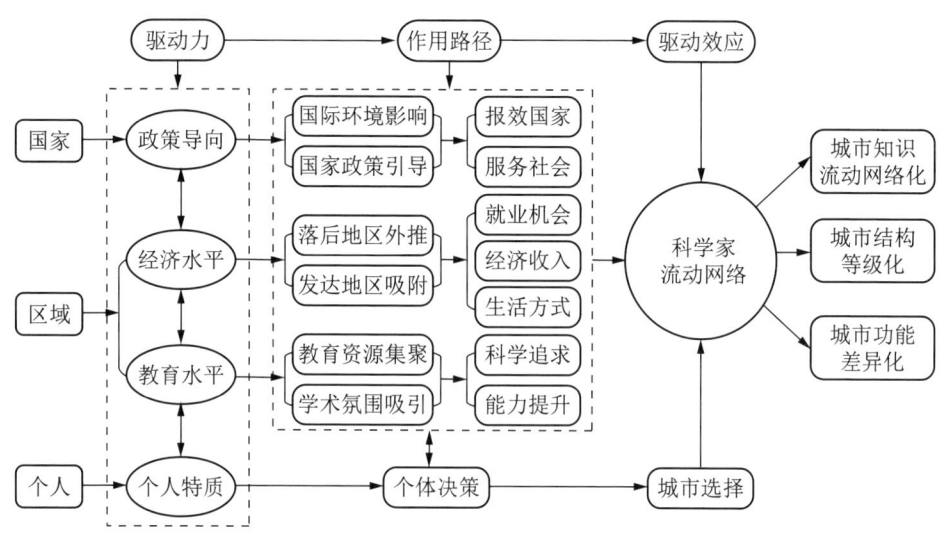

图 5-4 中国院士流动网络驱动机制示意图

个体特质方面。个体特质是推动中国院士流动网络演化的内在驱动力。科学家对科学和真理不断追求的精神促使其向科学中心迁移,强烈的服务国家、服务人民的社会责任感也促使其地理空间发生变动。①虽然院士空间迁移最终为个体所执行,但其决策还涉及经济、社会、文化和政治等方面的考虑。②个体对经济因素的考量主要包括经济收入③、就业机会等④;个体对社会因素的考虑主要包括自身以及亲属的生活方式和生活质量⑤,家人、教师以及学界前辈的教导与引领,以及区域文化、社会情感影响下造就的个人品格对行为主体的流动产生内在影响⑥,如院士基于实现自我价值和回报家乡、国家的个人情感,

---

① 陈劲宋,建元葛,葛朝阳,等. 试论基础研究及其原始性创新[J]. 科学学研究,2004(3):317-321.
② 刘晔,沈建法,刘于琪. 西方高端人才跨国流动研究述评[J]. 人文地理,2013(2):7-12.
③ LIU Y, SHEN J. Spatial patterns and determinants of skilled internal migration in China, 2000—2005[J]. Papers in regional science, 2014, 93(4):749-771.
④ 张波,丁金宏. 中国省域高端人才空间分布及变动趋势:2000—2015年[J]. 干旱区资源与环境,2019,33(2):32-36.
⑤ 郭洪林,甄峰,王帆. 我国高等教育人才流动及其影响因素研究[J]. 清华大学教育研究,2016,37(1):69-77.
⑥ 刘超,吴殿廷,顾苏丹,等. 高级人才成材因素的初步研究——中国科学院院士成材背景的统计分析[J]. 人文地理,2004,19(5):64-68,59.

在获得了最高学位后回到了自己的家乡或从海外归国。

区域经济水平方面。区域经济发展水平的差异形成了落后地区的外推力和发达地区的吸附力。中国与世界发达国家之间、中国区域之间存在的经济势差是院士空间迁移的重要因素。世界主要的经济发达国家，如美国、俄罗斯、日本、英国、法国、德国对院士具有很强的吸附力；中国东部沿海地区，特别是长江三角洲、环渤海地区、珠江三角洲地区是中国经济发达城市的集中区域，是中国经济的增长中心，其人才的就业机会相对较多，薪资水平相对较高，对院士吸引力较大。相比而言，区域经济水平较低的地区，就业机会相对较少，薪资水平相对较低，这些地区产生了对人才的外推力，成为院士的迁出地。[①]

区域教育水平方面。教育吸引力是推动中国院士空间迁移的深层驱动力。国内外拥有一流教育资源、良好学术氛围并和其他城市间保持着密切联系的城市[②]，对于需要获得自我发展的院士具有巨大吸引力。例如，北京是626位（占比26%）院士的本科毕业地，是586位（占比24.4%）院士的最高学位获得地；上海是300位（占比12.5%）院士的本科毕业地，是209位（占比8.7%）院士的最高学位获得地。这与北京和上海汇聚了一大批高水平、高质量的高等院校密不可分，两个城市成为整个中国院士流动网络的核心城市。

国家政策导向方面。政策因素的变化是中国院士空间迁移的外部驱动力。国际关系格局的变化以及中国和其他国家关系的变化，一定程度上对院士的空间迁移产生了重要影响，苏联是新中国成立初期大批中国院士的留学目的地，而中苏交恶后中国院士留学目的地逐渐转向欧美。国内政策的调整，如科研机构的变动、行政职位的调整、工作调动、分配录用等是影响院士空间迁移的主

---

① 刘盛和, 邓羽, 胡章. 中国流动人口地域类型的划分方法及空间分布特征 [J]. 地理学报, 2010, 65 (10): 1187-1197.
② 郭洪林, 甄峰, 王帆. 我国高等教育人才流动及其影响因素研究 [J]. 清华大学教育研究, 2016 (1): 69-77.

要国家政策因素。[①]相比于新中国成立后，出生于新中国成立前的院士在东部沿海集聚的态势相对较弱，与东部沿海是战争的主要集中区这一历史因素存在联系。抗战期间高校内迁，这一期间的内陆高校培养了大批人才，如170多名院士毕业于西南联合大学。改革开放以来，国家的西部大开发、振兴东北老工业基地、中部崛起等政策引导，对院士迁移具有正向作用。

不同驱动力在院士空间迁移与流动网络演化中呈现非线性的交互作用。个体特质是推动中国院士流动网络演化的内驱力，但院士的个体决策一定程度上受区域经济水平和教育水平的影响；区域经济水平和教育水平是整个网络演变的外驱力，这两个外驱动因素会受到国家政策与顶层设计的影响；国际环境和国家政策则是院士空间迁移的外生变量，一定程度上引导院士的流动方向，进而影响到区域经济发展水平和教育文化水平的发展。同时，区域经济发展水平和教育文化水平也是国家制定人才战略的重要依据。

第四节 本章小结

本章基于以两院院士为代表的中国院士六个成长阶段的空间数据库，采用空间统计、复杂网络分析、修正区位熵模型等方法，刻画了中国院士流动网络，并进一步分析了中国院士流动的驱动机制。主要得出以下结论：

网络特征上，中国院士成长的空间异质性显著。各节点度中心性、加权度中心性和介数中心性只有北京等少数城市较大，符合帕累托法则；网络等级层次呈"金字塔"形，核心-边缘结构突出，北京、上海和南京以绝对优势位于中国院士流动网络的核心区，而绝大多数城市位于网络的半边缘地带或边缘地带；在院士流动网络中城市角色差异显著，只有北京兼具两重角色，其他城市

---

① 丁金宏，刘振宇，程丹明，等. 中国人口迁移的区域差异与流场特征 [J]. 地理学报，2005 (1)：106-114.

都扮演单一角色。伴随院士的成长，满足其发展要求的城市越来越少，高端人才在空间上表现为高度集聚的态势。

驱动机制上，中国院士流动网络在国家、区域和个人尺度上受个体特质、区域经济水平、区域教育水平和政策导向的影响。个体特质是推动中国院士流动网络演化的内驱力，区域经济水平和教育水平是整个网络演变的外驱力，国际环境和国家政策则是院士空间迁移的外生变量。各驱动力相互影响、密切联系，中国院士流动网络是各驱动力综合作用的结果。

Chapter 06

第六章
中国院士的科研合作及其邻近性机理

知识经济时代,人才尤其是科技人才跃然成为区域科技创新和经济增长的核心要素。①②科学技术的迅猛发展驱动着科学研究问题的广度和深度不断拓展,科技人才不断趋于专业化。大科学背景下学科专业的复杂化和精细化,要求归属于不同专业领域的科学家共同参与到科研合作活动中③④⑤,以弥补各自知识、经费、仪器设备等方面的不足。⑥跨学科、跨机构、跨区域的科研合作成为今后科学研究模式发展的必然趋势。⑦与传统

---

① CAO C. China's brain drain at the high end: why government policies have failed to attract first-rate academics to return [J]. Asian population studies, 2008, 4(3):331-345.
② CERNA L. Immigration policies and the global competition for talent [M]. London: Springer, 2016.
③ BEAVER D, ROSEN R. Studies in scientific collaboration: Part I. The professional origins of scientific co-authorship [J]. Scientometrics, 1978, 1(1):65-84.
④ CHEN K, ZHANG Y, FU X. International research collaboration: An emerging domain of innovation studies? [J]. Research policy, 2019, 48(1):149-168.
⑤ LIU Y, YAN Z, CHENG Y, et al. Exploring the technological collaboration characteristics of the global integrated circuit manufacturing industry [J]. Sustainability, 2018, 10(1):196.
⑥ SONNENWALD D H. Scientific collaboration [J]. Annual review of information science and technology, 2007, 41(1):643-681.
⑦ FORTUNATO S, BERGSTROM C T, BÖRNER K, et al. Science of science [J]. Science, 2018, 359(6379):185.

的独立科研方式相比,科研合作使不同学科的知识在科学家之间快速流动、交换,这种研究方式的新转型不仅能够增加科研产出的数量,还能够催生高质量、创新性的科研成果,扩大科学边界。[1][2]纵观诺贝尔奖发展的75年历程,286位诺贝尔奖获得者中2/3科学家的科研成果是与他人合作而取得的。[3]因此,探究中国院士科研合作的演化规律及其深层机理对于推动中国乃至世界的知识创新与科学进步具有重大意义。

两院院士是中国顶尖的创新人才[4][5],以其为核心的科研合作势必对中国乃至国际的科学发展与技术进步产生深远的影响。[6][7]研究院士的科研合作网络有助于人们了解中国院士的科研活动,对科学家的科研合作状况产生新的认识;可以帮助科研工作者发现科研规律,提高科研效率和创新能力;可以揭示中国科学活动中心的空间分布态势,进而提高中国科研水平,促进中国科研产出,加速区域之间的知识溢出和协同创新,为国家制定科技战略方针提供现实依据。

本章的目的是采用复杂网络分析方法研究中国院士科研合作网络,并在多维邻近性框架下分析中国院士科研合作的内在机制。本章尝试回答以下问题:①中国院士科研合作网络的结构是什么?处于网络核心和边缘的城市分别有哪些?②中国院士科研合作是否存在区域差异?哪些城市是中国院士科研合作的热点区域?③哪些邻近性对中国院士科研合作起作用?地理邻近性的作用是什

---

[1] CHEN K, ZHANG Y, FU X. International research collaboration: an emerging domain of innovation studies? [J]. Research policy, 2019, 48(1):149-168.

[2] MELIN G, PERSSON O. Studying research collaboration using co-authorships [J]. Scientometrics, 1996, 36(3):363-377.

[3] ZUCKERMAN H. Scientific elite: Nobel laureates in the United States [M]. Missouri: Transaction Publishers, 1977.

[4] CAO C. China's scientific elite [M]. New York: Routledge, 2004.

[5] 何仁甫,钱文藻. 中国科学院院士 [M]. 北京:人民日报出版社,2002.

[6] ADAMS J. Collaborations: The fourth age of research [J]. Nature, 2013, 497(7451):557.

[7] SHI W, DU D, YANG W. The flow network of Chinese scientists and its driving mechanisms based on the spatial development path of CAS and CAE academicians [J]. Sustainability, 2019, 11(21):5938.

么？本章希望对当代中国高级科技人才合作网络模式做出有益补充。

第一节 研究数据与研究方法

一、数据来源

院士合作论文数据来源于中国期刊全文数据库（China National Knowledge Infrastructure，CNKI，http：//www.cnki.net/）。数据收集与整理过程如下：首先，在高级检索页面中将文献设定为"期刊"，精确检索每位院士论文发表情况。为了避免重名等数据干扰情况，设定院士相应的作者单位。其次，利用 Python 数据爬虫技术，获取论文题名、作者、作者单位、来源、发表时间等信息，建立院士论文总数据库，包括 29 770 条数据。最后，根据院士论文数据库对相关的信息进行提取，建立相关院士论文合作子数据库。不同层面论文合作数据说明如下：①院士论文作者合作数据库。剔除院士独立发表的论文，整理出院士论文合作者以及与每位合作者的论文合作数量。②院士论文机构合作数据库。识别出数据库中每位作者的机构以及统计相应机构的合作频次。③院士城市合作数据库。将院士和合作者所在机构的地理信息及合作联系投射到城市空间上即为城市合作关系。

二、测度模型

科研合作的本质是多人或者多组织之间资源共享，取得突破性、创新性的科学成果，其目标是达到科研产出最大化（赵蓉英，温芳芳，2011；孟潇，张庆普，2013）。院士论文合作网络是以院士为节点，以院士共同完成论文为合作关系的无向网络，即两个以上的作者合作发表一篇论文。本研究主要探讨中国院士科研合作网络的地理特征。

1. 网络属性特征模型

（1）网络密度。网络密度表征网络中各节点之间联系的紧密程度。在社会网络的分析中，网络密度是为了汇总各个连线的总分布，以便测量该分布与完全图的差距。网络节点之间的连线越多,网络密度就越大。无向网络中可以用网络 G 中实际拥有的联系与最多存在的联系总数之比来表示,即

$$d(G) = 2M/[N(N-1)] \quad \text{(式 6-1)}$$

式中:$d(G)$ 表示网络密度;M 为网络中实际拥有的连接数;N 为网络节点数。网络密度的取值范围为 [0,1],当网络内部完全连通时,网络密度为 1。

(2) 度中心性。度中心性简称度,是指与某一节点直接连接的其他节点的个数,表征连接程度。一个节点相连的节点越多,该节点的度中心性就越高。在中国院士科研合作网络中,节点的度中心性表示与该城市的院士有论文合作关系的城市数量,度中心性越大表示与该城市院士科研合作的城市越多。度中心性测度模型如下:

$$C_d(i) = \sum_{j=1}^{n} a_{ij} \quad \text{(式 6-2)}$$

式中:$C_d(i)$ 表示城市的度中心性;a_{ij} 表示院士科研合作网络城市矩阵,有合作关系的赋值 1,没有合作关系的赋值 0。

(3) 加权度中心性。加权度中心性简称加权度,是与某一节点直接相连接的边的权重。中国院士科研合作网络中,节点加权度中心性表示院士在两城市合作论文数量的总和,加权度中心性测度模型如下:

$$C_s(i) = \sum_{j \in v} w_{ij} \quad \text{(式 6-3)}$$

式中:$C_s(i)$ 表示作者的加权度中心性;v 表示与节点 i 直接相连的节点集合;w_{ij} 表示院士在城市 i 和 j 之间合作论文的数量,即为权重。城市的加权度中心性越大表示该城市在中国院士科研合作网络中的地位越重要。

(4) 介数中心性。介数中心性又称中间中心性,是指网络中所有最短路径经过该节点的路径数占所有节点最短路径总数的比例。点的介数中心性测

度的是该节点在多大程度上控制其他节点之间交往。在中国院士科研合作网络中，该项指标表示某一城市的院士在科研合作网络中的可达性，也反映出该城市在院士科研合作网络中的"中介""中转站"的能力，介数中心性测度模型如下：

$$C_b(i) = \sum_{\substack{j=1;\ k=1 \\ j \neq k \neq 1}}^{n} \frac{n_{jk}(i)}{n_{jk}} \qquad (式6\text{-}4)$$

式中：$C_b(i)$表示城市的介数中心性；n_{jk}表示节点v_j和节点v_k之间的最短路径条数；$n_{jk}(i)$表示节点v_j和节点v_k之间的最短路径经过节点v_i的条数。

2. 负二项回归模型

本研究参考法国邻近动力学派提出的"多维邻近性"概念[1]，以及Boschma将邻近性划分为地理、社会、认知、制度、组织等五个维度的分析框架，[2]结合中国院士群体的特殊性，本研究旨在探讨地理邻近性、社会邻近性、制度邻近性、经济邻近性和教育邻近性对中国院士科研合作的影响机制。各邻近性测算如下：

（1）地理邻近性。地理邻近性指院士科研合作网络中城市在地理空间上的距离，本书依据城市的经纬度测算城市之间的物理距离。考虑到城市间实际的物理距离差距过大可能对估计结果造成偏差，采用如下公式对实际距离进行处理[3]：

$$Geopro_{ij} = 1 - \ln\left(\frac{d_{ij}}{\max d_{ij}}\right) \qquad (式6\text{-}5)$$

---

[1] BUNNELL T G, COE N M. Spaces and scales of innovation [J]. Progress in human geography, 2001, 25(4): 569-589.

[2] BOSCHMA R. Proximity and innovation: a critical assessment [J]. Regional studies, 2005, 39(1): 61-74.

[3] 刘承良，管明明，段德忠. 中国城际技术转移网络的空间格局及影响因素 [J]. 地理学报，2018, 73 (8): 1462-1477.

式中：$Geopro_{ij}$ 表示地理邻近性，d_{ij} 表示城市 i 和 j 之间的地理距离；$\max d_{ij}$ 为研究样本中城市之间的最大距离。

（2）社会邻近性。社会邻近源于嵌入性理论，指行为主体之间社会嵌入性与亲疏关系。[1]本书参考 Scherngell 以及社会邻近性的相关研究[2][3][4]，使用杰卡德系数（Jaccard index）来衡量院士科研合作网络中的社会邻近性。杰卡德系数可以比较研究样本的差异性和相似性，其数值越大，数据样本间的相似度越高。其是两个样本的交集除以并集得到的数值，当两个样本完全一致时，结果为1；当两个样本完全不同时，结果为0。计算公式如下：

$$Socpro_{ij} = \frac{I_{ij}}{I_i + I_j - I_{ij}} \quad \text{(式 6-6)}$$

式中：$Socpro_{ij}$ 表示社会邻近性；I_i 和 I_j 分别是城市 i 和城市 j 合作的城市数量；I_{ij} 表示城市 i 和城市 j 共同合作的城市数量。

（3）制度邻近性。是院士城市合作制度邻近性的虚拟变量，用 $Inspro_{ij}$ 来表示。同一省级行政单位的城市拥有相同的政策背景和相似的文化环境，影响院士科研合作的标准、规则和法律趋于同质。参考 Boschma 的研究方法，如果院士科研合作双方的城市属于同一省级行政单位的赋值1，否则为0。[5]

（4）经济邻近性。本文计算城市 i 和城市 j 之间的经济水平的接近程度来表征经济邻近性。选用2018年城市 i 和 j 的 GDP 差值来测度城市的经济邻近性。为了消除变量间的量纲关系，从而使数据具有可比性，首先对各市的 GDP

---

[1] AGRAWAL A, KAPUR D, MCHALE J. How do spatial and social proximity influence knowledge flows? Evidence from patent data [J]. Journal of urban economics, 2008, 64(2):258-269.

[2] 刘承良, 桂钦昌, 段德忠, 等. 全球科研论文合作网络的结构异质性及其邻近性机理 [J]. 地理学报, 2017, 72 (4): 737-752.

[3] 刘承良, 管明明, 段德忠. 中国城际技术转移网络的空间格局及影响因素 [J]. 地理学报, 2018, 73 (8): 1462-1477.

[4] SCHERNGELL T, HU Y. Collaborative knowledge production in China: regional evidence from a gravity model approach [J]. Regional studies, 2011, 45(6):755-772.

[5] BOSCHMA R, BALLAND P, de VAAN M. The formation of economic networks: a proximity approach [J]. Regional development and proximity relations, 2014, 243-266.

进行极差标准化处理。其差值越小表明城市间经济情况越相近。计算公式如下：

$$Ecopro_{ij} = \left| \frac{GDP_i - GDP_{\min}}{GDP_{\max} - GDP_{\min}} - \frac{GDP_j - GDP_{\min}}{GDP_{\max} - GDP_{\min}} \right| \qquad (式6\text{-}7)$$

式中：$Ecopro_{ij}$ 表示经济邻近性；GDP_i 和 GDP_j 分别是城市 i 和城市 j 的 GDP；$GDP_{\min}$ 和 $GDP_{\max}$ 表示全部城市 GDP 中的最小值和最大值。

（5）教育邻近性。现有研究对城市高等教育水平的评价标准主要是通过高等教育资源来测算，如高校数、学生数、教师数、教育经费等，但还没有形成统一的共识。①由于本研究主要考虑的是院士科研合作过程中各城市教育水平的邻近性，所以这里只考虑到城市高等教育的质量。去繁从简，根据教育部公布的《"双一流"建设高校名单》，城市有一流大学的赋值3，有一流学科的赋值2，有普通高校的赋值1，没有高校的赋值0，再测算其教育水平邻近性，用 $Edupro_{ij}$ 表示。

鉴于院士论文合作数量为非负整数，且被解释变量存在"过度分散"，方差明显大于期望。因此，采用负二项回归模型（Negative binomial regression model）来探讨中国院士科研合作的邻近性机制。其公式如下：

$$I_{ij} = \alpha + \beta_1 Mass_i + \beta_2 Mass_j + \beta_3 Scientists_i + \beta_4 Scientists_j + \beta_5 Geopro_{ij} + \beta_6 Socpro_{ij} + \beta_7 Ecopro_{ij} + \beta_8 Inspro_{ij} + \beta_9 Edupro_{ij} + \varepsilon_i \qquad (式6\text{-}8)$$

式中：因变量 I_{ij} 为院士在城市 i 和城市 j 之间合作发表的论文数量；α 为常数项；$\beta_{1\sim8}$ 为待估系数，ε_i 为随机误差项。$Mass_i$ 和 $Mass_j$ 分别为院士在城市 i 和城市 j 发表的论文数量。$Scientists_i$ 和 $Scientists_j$ 分别为城市 i 和城市 j 拥有的院士数量。$Mass_i$、$Mass_j$、$Scientists_i$ 和 $Scientists_j$ 为院士科研合作网络城市主体的属性特征，作为控制变量。$Geopro_{ij}$、$Socpro_{ij}$、$Ecopro_{ij}$、$Inspro_{ij}$、$Edupro_{ij}$

---

① FU T M. Unequal primary education opportunities in rural and urban China [J]. China perspectives, 2005, 2005(60):1-10.

分别表示城市 i 和城市 j 之间的地理邻近性、社会邻近性、经济邻近性、制度邻近性和教育邻近性。

第二节 中国院士科研合作网络的拓扑结构

一、网络整体特征

利用院士城市合作数据库，借助 Gephi 软件，绘制出中国院士科研合作网络图（图6-1）。图中节点的大小与科研合作的城市数量成比例，即显示了节点的度中心性，节点连线大小与城市之间的论文合作频次成正比。

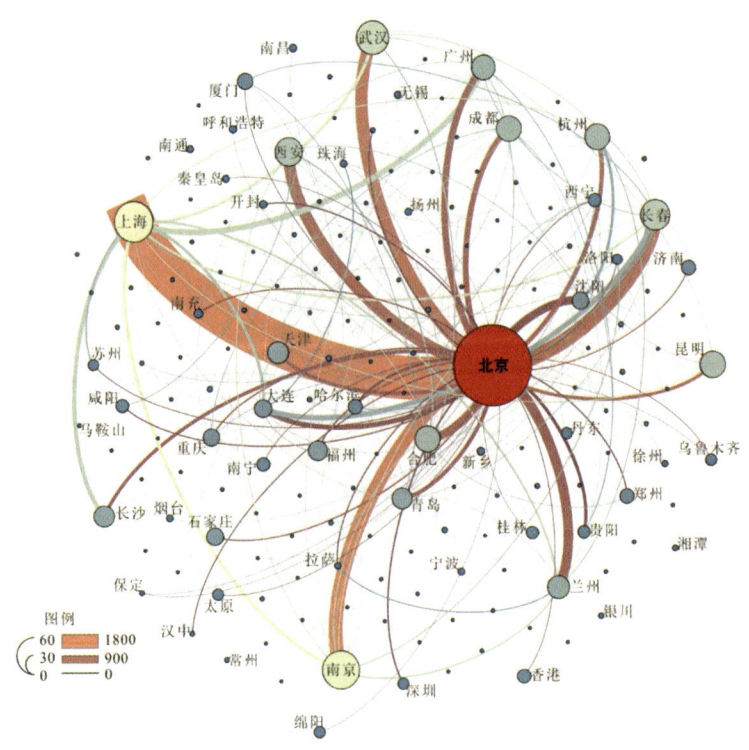

图 6-1 中国院士科研合作网络图

中国院士科研合作网络呈现出以北京为顶点的多三角形结构，北京在整个网络中处于绝对的核心位置。从网络规模来看，中国院士科研合作相对较弱。整个网络存在173个节点，700条边，但网络密度仅为0.047，直径为4，说明网络规模较小，网络节点间的连线较少。从网络属性看，科研合作网络符合小世界性。整个网络的平均聚类系数为0.782，远高于相同结点集生成的随机图的平均聚类系数0.046，中国院士科研合作网络平均路径长度为2.305，表明中国院士科研合作高度向某些城市集聚，网络的小世界特性和无标度特性明显。从节点的中心性来看，高中心性的节点高度集中在少数城市。从图6-1可以看出，直辖市和省会城市是中国院士科研合作网络的主体。度中心性前20位的城市中除了青岛、大连和厦门外都是直辖市或省会城市，其他城市在整个网络中居于从属地位（表6-1）。北京是中国院士科研合作网络最重要的节点，与北京的院士科研合作的城市数量和作者数量都是最多的。网络具有173个节点，而北京的度中心性为125，说明在整个网络中多于70%的城市与北京展开过科研合作。北京的加权度中心性高达24 828，是上海的两倍多，这说明北京是中国院士科研合作的首要城市。

表6-1 中国院士科研合作网络度中心性前25位的城市

序号	城市	度	加权度	序号	城市	度	加权度	序号	城市	度	加权度
1	北京	125	24 828	10	杭州	37	1 678	19	沈阳	23	1 794
2	上海	60	10 003	11	广州	35	2 562	20	重庆	23	604
3	南京	57	3 769	12	兰州	32	2 483	21	厦门	21	487
4	武汉	49	2 978	13	天津	30	810	22	哈尔滨	19	690
5	长春	44	4 280	14	长沙	29	1 263	23	郑州	19	346
6	西安	41	2 662	15	青岛	29	1 239	24	济南	19	266
7	昆明	38	1 073	16	福州	27	561	25	香港	18	242
8	合肥	37	2 158	17	大连	24	2 196				
9	成都	37	1 690	18	石家庄	24	344				

二、等级层次结构

采用Pajek块模型分析中的层次聚类分析法（hierarchical clustering），依据加权度中心性，获取层次文件，将中国院士科研合作网络划分为3个层次，网络呈"金字塔"形的等级层次结构（表6-2）。第一层次只有北京和上海两个城市，这一层次的平均度中心性、平均强度中心性、平均亲密中心性、平均介数中心性、密度等网络统计指标均远远高于整个网络的平均值，这两个城市位于金字塔结构的塔顶。第二层次拥有16个城市，这一层次的统计指标也高于整个网络的平均值，这16个城市位于金字塔结构的塔中。第三层次的城市数量最多，拥有155个城市，这一层次的各项网络统计指标均低于整个网络的平均值，这些城市位于金字塔结构的塔基。

表6-2 中国院士科研合作网络不同层次的指标统计

等级	节点数量	平均度中心性	平均强度中心性	平均亲密中心性	平均介数中心性	密度
第一层次	2	92.50	17 415.50	0.69	4 707.46	0.071 4
第二层次	16	34.88	2 084.19	0.55	478.27	0.021 4
第三层次	155	4.24	62.31	0.43	15.15	0.003 3
整个网络	173	8.09	449.92	0.44	112.23	0.005 8

通过将Pajek生成的区分文件以2D格式输出到VOSviewer中，绘制出中国院士科研合作网络核心-边缘结构图（图6-2）。图中节点的大小与该节点的加权度中心性成正比，边的大小与两个城市间论文合作的数量成正相关。从图6-2可以看出，中国院士科研合作网络发育为明显的"核心-边缘"等级渐进式形态，可划分为核心区、半边缘地带、边缘地带三大城市组团。

核心区即为第一层次的城市，是中国院士科研合作网络的枢纽节点，北京和上海位于中国院士科研合作网络的核心区。这两个节点具有大量的边，平均度中心性达92.5，平均加权度中心性达17 415.50。这两个城市为整个网络的"富节点"，且两个城市之间彼此的连接程度在整个网络中最强，北京和上海在中国院士科研合作网络中有5 406次合作，在所有合作关系中排第一，"富人俱乐部"特征明显。北京和上海拥有众多科研机构和高等院校，是院士主要的工

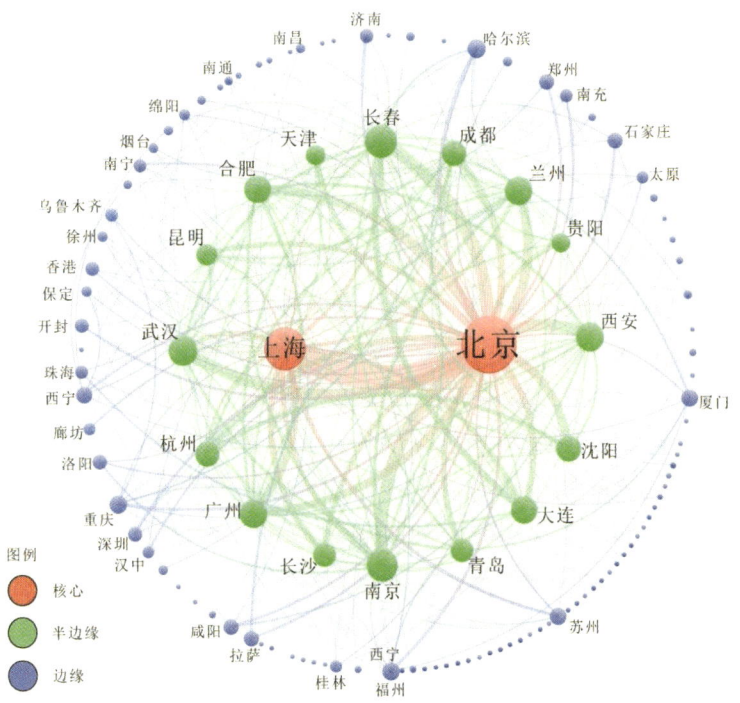

图 6-2 中国院士科研合作网络核心-边缘结构图

作地点，其自身产出的论文数量在全国城市中位列第一和第二。同时，这两个城市与其他城市间的科研合作联系密切，在中国院士科研合作网络中具有不可替代的作用。

半边缘地带由第二层次的 16 个城市构成，分别是长春、南京、武汉、西安、广州、兰州、大连、合肥、沈阳、成都、杭州、长沙、青岛、昆明、天津、贵阳。这些城市在院士科研合作网络中扮演着从属的角色，其与核心城市之间存在着较强的论文合作关系，但半边缘地带的城市之间以及与边缘地带的城市联系强度较低。半边缘的城市是区域内院士科研活动的热点区域，是区域内论文产出较高的城市，作为区域内与核心城市科研合作联系的枢纽，半边缘地带的城市与北京、上海保持着高度的合作关系。半边缘地带在所在区域内是院士主要的工作场所，如兰州、成都是西部地区院士主要的工作地，其集聚了区域内优质的科研资源，为中国院士区域内科研产出的高地。

多达 155 个城市位于中国院士科研合作网络的第三层次，即边缘地带。这些城市是中国院士科研合作的低值区，其各项统计指标均低于整个网络的平均水平。此地带的网络密度仅为 0.003 3，平均度中心性为 4.24，平均加权度中心性为 62.31，说明中国院士科研合作与此地带联系的城市很少，同时边缘地带城市的院士科研合作频次很低。边缘地带的城市的科研机构和高校较少，且整体科研实力落后，科研产出较少，造成城市间的科研联系很弱；其在整个中国院士科研合作网络中，一般不能主动寻求合作，在网络中扮演着附属的角色。

第三节 中国院士科研合作网络的空间分异

中国院士科研合作网络具有明显的区域非均衡性，京津冀、长三角、辽中南是中国院士科研活动的热点区域。此外，一些区域的重点城市也成为中国院士科研活动的热点，如西北地区的西安、兰州；西南地区的成都、昆明；两湖地区的武汉、长沙；东南地区的广州、深圳、厦门、福州等城市。从合作频次可以看出，科研合作主要集中在地区性中心城市之间，北京当之无愧为中国最重要的科研中心城市，其合作城市遍及全国，与其密切联系的城市主要集中于长三角的上海和南京、中部地区的武汉、东北地区的长春、西北地区的西安和兰州以及珠三角的广州。京津冀、长三角、辽中南区域内部联系密切，其他城市科研合作强度不足。

中心性反映了网络中各节点的相对重要性，这里分别对中国院士科研合作网络节点的度中心性、加权度中心性、介数中心性做进一步阐述。中国院士科研合作网络的节点特征具有明显的空间非均衡性。

一、度中心性

度中心性高值区主要分布于中国中东部的省会城市和直辖市，如北京、上海、南京、武汉、长春、合肥、杭州、广州等。西部地区的西安、成都、昆明也是中国院士科研合作网络度中心性较高的城市，说明在中国院士科研合作网络中，与这些城市联系的城市较多。这些城市共同的特点是其科研机构和高等院校高度集中，是中国优质科研资源最富集的城市，为中国院士及其他科研工作者主要的工作城市。

二、加权度中心性

相比度中心性，加权度中心性高值集中在个别城市的趋势更为明显，"两极"格局突出。北京的加权度中心性高达24 828，是全部城市加权度中心性的31.90%，为最重要的一极。上海的加权度中心性为10 003，是全部城市加权度中心性的12.85%，为仅次于北京的另一极。除了这两个主要的城市外，加权度中心性高于1 000的城市还有长春、南京、武汉、西安、广州、兰州、大连、合肥、沈阳、成都、杭州、长沙、青岛、昆明。在中国院士科研合作网络中这些城市的院士合作的论文数量较多，从侧面也反映出这些城市的科研机构较多，同时其科研实力较强，科研成果产出众多。

三、介数中心性

介数中心性高值空间分布分散，呈现"一超多强"的空间格局。北京的介数中心性为8 241.87，为介数中心性最高的城市，说明北京是中国院士科研合作重要的"桥梁"。此外介数中心性较高的城市还有长三角地区的上海、南京、合肥、杭州；西南地区的昆明、成都；华中地区的郑州、武汉、长沙；东北地区的长春；西北地区的西安、兰州、西宁；华北地区的石家庄、天津；华东地区的福州；华南地区的广州。这些城市作为区域乃至全国的中心城市在中国院士科研合作网络中扮演着中转的功能，是中国院士科研合作的重要枢纽城市。

第四节 中国院士科研合作的邻近性机理

为确保计算结果准确可信，在采用负二项式回归模型对影响中国院士科研合作的邻近性机制分析之前，首先对模型进行多重共线性、内生性的检验及异方差的检验。多重共线性的判断标准为：第一，vif最大值大于10；第二，vif

平均值大于1，且以上两个条件要同时满足。①多重共线性检验结果显示均值 vif 为 1.49，最大值为 2.74，说明不存在多重共线性。内生性的检验结果显示 p 为 0.941 3，说明数据没有内生性问题。异方差的检验中 p 为 0.000 2，小于 0.05，其可能存在异方差现象，为了避免异方差对数据的影响，本文采用稳健标准误来估计研究结果。为了使得估计结果更加稳健和对回归结果进行对比，分层引入邻近性变量（模型1、2、3、4、5），再加入所有的邻近性变量（模型6），最终解释以模型6为准。负二项回归结果如表6-3所示，从模型拟合程度来看，Alpha 参数均不等于0，各因变量的显著性水平较高，具有较好的解释力。

表6-3 中国院士科研合作的负二项回归估计结果

变量	模型1 合作论文量	模型2 合作论文量	模型3 合作论文量	模型4 合作论文量	模型5 合作论文量	模型6 合作论文量
城市 i 发文量	0.002 0*	0.003 0**	0.002 0*	0.001 9*	0.001 8	0.002 6*
	(0.001 2)	(0.001 5)	(0.001 2)	(0.001 2)	(0.001 2)	(0.001 4)
城市 j 发文量	0.004 5***	0.005 4***	0.004 5***	0.004 5***	0.004 4**	0.004 9***
	(0.000 9)	(0.000 7)	(0.000 9)	(0.000 9)	(0.001 0)	(0.000 7)
城市 i 院士数	0.000 5***	0.000 5***	0.000 6***	0.000 5***	0.000 7***	0.000 6***
	(0.000 2)	(0.000 1)	(0.000 2)	(0.000 2)	(0.000 2)	(0.000 2)
城市 j 院士数	−0.000 1	−0.000 0	−0.000 1	−0.000 2	−0.000 1	−0.000 1
	(0.000 5)	(0.000 5)	(0.000 6)	(0.000 5)	(0.000 5)	(0.000 4)
地理邻近性	0.002 3					0.005 4***
	(0.002 3)					(0.001 6)
教育邻近性		23.320 7***				22.582 7***
		(8.142 7)				(7.522 2)
经济邻近性			0.000 1***			0.000 2***
			(0.000 0)			(0.000 0)
制度邻近性				−1.050 0***		−1.237 6***
				(0.387 8)		(0.242 5)

---

① STATACORP L P. Stata data analysis and statistical software [J]. Special edition release, 2007(10):733.

续表

变量	模型1 合作论文量	模型2 合作论文量	模型3 合作论文量	模型4 合作论文量	模型5 合作论文量	模型6 合作论文量
社会邻近性					3.740 8***	4.830 0***
					(1.362 4)	(1.195 3)
常数	3.541 8***	-8.211 4**	3.552 5***	3.611 0***	3.231 3***	-8.288 7**
	(0.138 7)	(4.165 2)	(0.139 8)	(0.139 7)	(0.194 7)	(3.821 1)
	-0.224 8*	-0.329 9**	-0.224 9*	-0.247 6**	-0.258 4**	-0.431 4***
	(0.124 4)	(0.145 7)	(0.124 7)	(0.124 0)	(0.127 1)	(0.152 2)
Wald chi2	132.75	176.03	128.23	150.51	117.16	316.44
Prob>chi2	0.000 0	0.000 0	0.000 0	0.000 0	0.000 0	0.000 0
Log pseudo-likelihood	-966.636 15	-955.480 99	-966.605 5	-964.135 63	-962.942 02	-944.713 19
样本量	182	182	182	182	182	182

注：*** $p<0.01$，** $p<0.05$，* $p<0.1$。

(1) 在所有邻近性同时作用下，地理邻近性对中国院士科研合作起正向作用。通过模型1估算的结果显示，在假设中国院士科研合作没有其他邻近性作用的情况下，地理邻近性的回归系数为正值，但是没有通过显著性检验，表明在假设无其他邻近性情况下，地理邻近性对院士的合作不产生作用。模型6显示，在所有因变量作用下，地理邻近性对中国院士合作产生了显著的正面影响。回归结果显示，中国院士科研合作考虑的首要因素不是距离的远近。已有科研合作的研究显示地理距离与论文合作具有显著的负向关系[1][2][3]，本研究进一步证实了前人的研究成果，同时也做出了修正，即考虑到其他邻近性（教育邻近性、经济邻近性、制度邻近性、社会邻近性）的影响基础上，中国院士的

---

[1] HOEKMAN J, FRENKEN K, Van OORT F. The geography of collaborative knowledge production in Europe [J]. The annals of regional science, 2009, 43(3):721-738.

[2] SCHERNGELL T, HU Y. Collaborative knowledge production in China: regional evidence from a gravity model approach [J]. Regional studies, 2011, 45(6):755-772.

[3] KATZ J S. Geographical proximity and scientific collaboration [J]. Scientometrics, 1994, 31(1):31-43.

地理距离越近，科研合作越频繁。

其原因在于，能完成既定的科研目标是科学家寻求科研合作伙伴的最高目标。在科研合作伙伴其他条件接近的情况下，院士更愿意寻找地理邻近的合作伙伴。一方面，现代科学技术不断细化，院士研究趋向学科交叉、综合，许多原创性的成果和突破性的进展需要不同学科的院士强强联合，院士需要调动全国乃至世界最优质的科研资源，所以地理邻近性不是院士科研合作首要考虑的因素。另一方面，地理邻近有利于院士近距离直接交流，这种面对面的沟通方式有利于院士之间知识的传导，避免信息的损耗和误判，从而提高了科研产出的效率。地理邻近的院士更容易建立学术联系，拓展学术关系网络。地理邻近的院士在日常的地方性学术研讨、会议等正式或非正式的交流活动中，更易于借助人际交往中的互惠性和传递性建立学术联系。

(2) 教育邻近性对院士的科研合作具有显著的正向作用。模型 6 显示，教育邻近性在所有邻近性因变量中回归系数最大，且通过了 $p<0.01$ 的显著性检验，说明两个城市之间的教育水平越接近，院士越趋向合作。从各因变量回归的系数和显著性检验来看，教育邻近性是院士科研合作首要考虑的因素。城市间的教育水平越接近，院士的科研合作越频繁。院士科研合作"强强联合，优势互补"的特点突出。

(3) 经济邻近性对院士科研合作影响显著为正。城市之间经济水平的邻近有助于院士开展科研合作。本研究科研产出成果多的城市同时也是经济水平高的城市，经济水平高的城市之间的合作量大，其原因是经济水平高的城市科学研究的基础条件优越，科研经费充足，院士薪酬待遇较好，有利于促进科研人员在两城市之间开展科研合作。

(4) 制度邻近性对院士科研合作的影响系数为负且显著，表明院士科研合作更加趋于在不同制度类型的城市之间发生。院士和具有不同文化、风俗、习惯的人员合作，不同的制度背景和知识理论背景可以激发院士丰富的想象力，打破习惯性思维定式，取得原创性成果。说明院士并不趋向与自己具有相同制度背景的人合作，这样可以促进政策上的互补和多学科知识的交叉融合。

（5）社会邻近性对院士科研合作回归系数显著为正，表明社会邻近促进了院士开展科研合作。院士在寻找科研合作伙伴时，已合作的人员是其首要考虑的对象，同时会以已合作的人员为"媒介"联系新的合作人员。院士之间拥有的共同合作伙伴越多，其科研合作的概率和合作量就越大。社会邻近有利于院士之间建立长期合作关系，减少寻求新的合作伙伴的机会成本和效率成本；同时社会邻近性可以有效促进院士之间显性知识和隐性知识的传导，促进知识的创新和技能的互补，从而对科研成果具有极大的促进作用（覃柳婷，2019）。

（6）此外，城市的院士人数和院士发文量对科研合作具有明显的正向作用，即两个城市院士的数量越多，发文量越大，其合作的可能性就越大，强强合作的网络态势明显。这一研究结论与已有研究结果一致，地区间科研能力对科研合作具有积极的促进作用。①②

第五节 本章小结

在全球化趋势日益明显的今天，不同专业、不同地域的科研合作成为大势所趋，诸多顶尖研究成果均是通过不同科学家的紧密合作而得以完成的。院士的科研合作为我们提供了开展科学合作的典范，目前国内的科学研究不但需要强调单位内部、单位之间的合作，也应该加强跨城市、跨区域乃至跨国家的科研合作，以此促进中国重大科学研究项目的突破。本章基于中国期刊全文数据库收录的院士合作论文数据，采用复杂网络和空间统计、回归模型等方法，刻画了中国院士科研合作网络并探讨其背后的邻近性机制。主要得出以下结论。

---

① HOEKMAN J, FRENKEN K, Van OORT F. The geography of collaborative knowledge production in Europe [J]. The annals of regional science, 2009, 43(3): 721 – 738.
② CASSI L, MORRISON A, RABELLOTTI R. Proximity and scientific collaboration: evidence from the global wine industry [J]. Tijdschrift voor economische en sociale geografie, 2015, 106(2): 205 – 219.

(1) 拓扑结构异质性。中国院士科研合作网络呈现以北京为顶点的多三角形骨架，北京在整个网络中处于绝对的核心位置。网络等级层次结构明显，北京和上海位于中国院士科研合作网络的核心区；长春、南京、武汉、西安、广州、兰州、大连、合肥等16个城市位于中国院士科研合作网络的半边缘地带；其余城市位于中国院士科研合作网络的边缘地带。

(2) 空间结构异质性。中国院士科研合作具有明显的空间非均衡性，京津冀、长三角、辽中南是中国院士科研活动的热点区域。度中心性高值区主要分布在中国中东部的省会城市和直辖市；加权中心性高值集中在个别城市，北京、上海"两极"格局明显；介数中心性高值空间分布分散，呈现为"一超多强"的空间格局。

(3) 邻近性机制。负二项式回归模型对中国院士科研合作的邻近性机制具有很好的解释力。分析发现，地理邻近性对院士科研合作在具体条件下起正向作用。在所有邻近性作用下，地理邻近性才对院士科研合作产生正面的影响。教育邻近性是中国院士科研合作首要考虑的因素，两个城市之间的教育水平越接近，院士越趋向于合作。经济邻近性和社会邻近性对院士科研合作影响显著为正。制度邻近性对院士科研合作的影响系数为负且显著，表明院士科研合作更加趋向于在不同制度类型的城市之间展开。

Chapter 07

第七章
中国院士流动与科研合作的空间关系

内生增长理论认为区域内的科技人才是知识溢出的主要源泉，区域内创新能力的提升不依赖外力推动，内生的技术进步是保证经济持续增长的决定因素。[1][2]新区域主义认为在知识经济背景下，知识成为最重要的资源和生产要素。一国或地区在劳动力、土地、自然资源等有形因素上的优势不再是永恒的，知识及提高自身的知识潜力这一动态比较优势才是区域发展的关键。知识创新以及对知识的有效吸收、传播及应用的能力，成为区域科技能力提升的关键。[3][4][5]

---

[1] ROMER P M. Endogenous technological change [J]. Journal of political economy, 1990, 98(5, Part 2): S71-S102.

[2] COOKE P, ASHEIM B, BOSCHMA R, et al. Handbook of regional innovation and growth [M]. Northampton, Massachusetts: Edward Elgar publishing, 2011.

[3] FAN F, CAO D, MA N. Is improvement of innovation efficiency conducive to haze governance? Empirical evidence from 283 Chinese cities [J]. International journal of environmental research and public health, 2020, 17(17): 6095.

[4] JIN B. Country-level technological disparities, market feedback, and scientists' choice of technologies [J]. Research policy, 2019, 48(1): 385-400.

[5] KRUGMAN P. What's new about the new economic geography? [J]. Oxford review of economic policy, 1998, 14(2): 7-17.

科技人才在区域间的流动及其产生的知识流动对区域的创新能力产生了深远的影响。科学家在固定的空间区域或一直与某些人保持着长期的双边关系，会限制科学家催生和分享新的知识。[1][2][3]与此相反，科学家们无意间的相遇和偶然性的面对面的直接交流，如参加会议、短期访问、商业活动、参加展会等可以有效地促进科学家之间的知识流动。[4]科学家之间的这种面对面的非正式的学习过程是隐性知识溢出的重要途径。同时，这种隐性知识可以衍生出显性知识，通过知识编码，以著作、期刊论文、专利、影像资料等方式进行传播和被人们学习。[5][6]关系经济地理学基于不同空间尺度的"本地传言-全球管道"的模型来解释区域知识溢出与创新的关系[7]，这一理论为探究人才流动和知识流动的关系提供了新的视角。关系经济地理学把科学家构成的关系网络视为动态的、演化的，将科学家在区域间的行动和相互作用产生的知识流作为分析的核心。人们普遍认识到，受过良好教育的个人是重要的"知识载体"，通过他们的流动将专门知识和专业技能从一个地方转移到另一个地方，这有利于催生创新。

尽管人们对这一问题的兴趣日益浓厚，但对流动人才传播知识的主要特点以及区域间知识流动的具体模式仍然缺乏了解。一些杰出人士，如中国科学院

---

[1] GALLIÉ E. Is geographical proximity necessary for knowledge spillovers within a cooperative technological network? The case of the French biotechnology sector [J]. Regional studies, 2009, 43(1): 33-42.

[2] NECHES R, FIKES R E, FININ T, et al. Enabling technology for knowledge sharing [J]. AI magazine, 1991, 12(3):36.

[3] PARK S, KIM E. Fostering organizational learning through leadership and knowledge sharing [J]. Journal of knowledge management, 2018.

[4] BATHELT H, SCHULDT N. Between luminaires and meat grinders: international trade fairs as temporary clusters [J]. Regional studies, 2008, 42(6):853-868.

[5] 曹湛，戴靓，吴祖泉，等. 城市技术网络的概念框架与实证研究 [J]. 地理研究，2023，42(9): 2302-2323.

[6] 戴靓，刘承良，王嵩，等. 长三角城市科研合作的邻近性与自组织性 [J]. 地理研究，2022，41(9): 2499-2515.

[7] BATHELT H, MALMBERG A, MASKELL P. Clusters and knowledge: local buzz, global pipelines and the process of knowledge creation [J]. Progress in human geography, 2004, 28(1):31-56.

院士和中国工程院院士,他们在中国乃至世界都拥有尖端的科学和专业知识,他们是中国从事科研活动最活跃的群体之一,有许多科研合作者。然而,虽然中国顶尖科学家具有较强的区域流动性特征,但很少有人研究他们的科研活动与流动地点之间的关系。同时,很少有学者探讨中国精英科学家流动造成的知识流动效应。

本章基于中国院士在城市间的流动和科研合作构建的中国院士的城市流动网络和科研合作网络,从地理空间的角度分析了两个网络拓扑结构的异质性以及空间关系。本章解决的具体问题如下:中国院士流动网络的节点和科研合作网络的节点是否存在空间同位性关系?中国院士流动网络的双边关系与科研合作网络的双边联系是否具有空间同位性关系?本章考察了中国院士流动与中国院士科研合作之间的空间关系,最后讨论了中国院士流可能产生的知识流效应。通过这一探索,我们希望能更深入地理解人才流动的知识溢出效应。

第一节 研究数据与研究方法

一、数据来源

中国院士流动网络的构建方法及特征已在本书第五章有具体论述。对于科研人才的评价和科学政策的制定而言,科技人员的简历信息已成为极具吸引力的数据资源。简历分析法可以了解科研人才的职业轨迹、流动空间和行动能力。科技人才一生中有几个重要的流动轨迹,如出生地、教育地和工作地。研究采用了简历分析法来确定院士个体的发展路径。我们将院士的发展划分了六个阶段,分别为出生地、本科毕业地、获得最高学位地、首次工作地、获得院士头衔地和当前工作场所。本研究识别了每一位院士流动所产生的城市联系,然后汇总了所有院士流动产生的城市连接,从而构建了中国院士流动网络。

中国院士科研合作网络的构建方法及特征已在本书第六章有具体论述。中国院士的论文合作数据来自中国知网。院士科研合作网络即两个或两个以上的作者共同完成一篇文章。中国院士论文合作构成的网络在空间上的投影就是中国院士科研合作网络。

二、研究方法

本文采用中国院士流动网络和中国院士科研合作网络的度中心性、加权度中心性和介数中心性来揭示两个网络节点的耦合关系；采用中国院士流动网络和中国院士科研合作网络的关系矩阵来揭示两个网络双边的耦合情况。关于两个网络属性的测度模型已在第五章和第六章有详细的阐述，这里不再赘述。此外，本章还采用了核密度分析、位序规模法则等方法。

核密度估计（KDE）在空间热点研究中有着广泛的应用。该方法通过空间平滑处理离散点数据，使原有的点数据在空间可视化过程中变为栅格数据，从而突出空间热点。核密度分析是用来计算周围场中元素的密度，该方法在空间可视化范围内赋予各要素点不同的权重，在栅格中心位置赋予的比重大，随着其与格网中心距离的加大，权重降低。使用 KDE 方法来推算中国院士空间流动和科研合作的热点区。在二维空间中，核密度函数表达式为：

$$f(x) = \frac{1}{nh^d} \sum_{i=1}^{n} k\left(\frac{x - x_i}{h}\right) \quad \text{（式 7-1）}$$

式中，$f(x)$ 为核密度函数，h 为搜索阈值，n 为搜索阈值内地点的样本数，k 为核函数。本研究选用较为常用的 Gaussian 核函数，d 为数据的维度。

位序规模法则是城市地理学家首次提出的，其从城市规模与城市规模规模位序之间的关系来衡量城市体系的规模分布，是城市地理学的重要理论。本文使用院士流动网络和院士科研合作网络中节点的度中心性、加权度中心性来衡量城市的规模，采用常用的帕累托模型对数函数的位序规模法则来分析中国院士流动和中国院士科研合作网络的等级层次性。[1]其计算公式如下：

---

[1] 张樨樨. 我国高技术产业集聚与高技术人才集聚互动关系的建模研究［J］. 科技进步与对策，2010，27（11）：72-75.

$$LgP_r = \alpha - qLgr \qquad (式7\text{-}2)$$

式中，P_r 为中国院士流动网络或中国院士科研合作网络中节点的度中心性、加权度中心性，α 为常数项，r 为中国院士流动网络或中国院士科研合作网络中度中心性、加权度中心性的位序。q 为网络中度中心性、加权度中心性规模变化的幅度，当 $q=1$ 时，表示位序规模分布；当 $q>1$ 时，表示首位分布，说明节点的规模等级相差较大；当 $q<1$ 时，表明节点的规模等级符合正态分布。

第二节 两个网络节点具有耦合性

一、中国院士流动网络与科研合作网络的空间热点高度耦合

利用核密度估计（式7-1）揭示中国院士流动网络和中国院士科研合作网络的空间热点分布格局。中国院士流动网络和中国院士科研合作网络的热点区域在空间分布上存在高度的耦合性。从两个网络空间的度中心性、加权度中心性和介数中心性的空间热点总体分布来看，其热点区域主要集中在东部地区。京津冀、长三角和珠三角是中国院士流动和科研合作的热点区域。

从两个网络节点的度中心性对比来看，度中心性的热点区域都集中在以下区域：京津冀地区、长江三角洲地区、珠江三角洲地区，以及两湖地区、成渝地区、东三省和陕南地区等；从加权度中心的空间热点对比来看，两个网络的度中心性的空间分布呈现出了"两极格局"的态势，北京和长三角地区既是中国院士流动的热点，也是中国院士科研合作的热点。中国院士流动网络和中国院士科研合作网络的介数中心性的空间分布都出现了块状分化，北京为两个网络重要的热点，说明北京既是中国院士流动的"桥梁"，又是中国院士科研合作的重要"中介"。

二、中国院士流动和科研合作网络节点均具有幂律分布规律

以中国院士流动网络和中国院士科研合作网络的度中心性和加权度中心性

为度量值,采用城市位序规模法则(式 7-2)分别对中国院士流动网络和中国院士科研合作网络节点城市进行统计分析(图 7-1)。

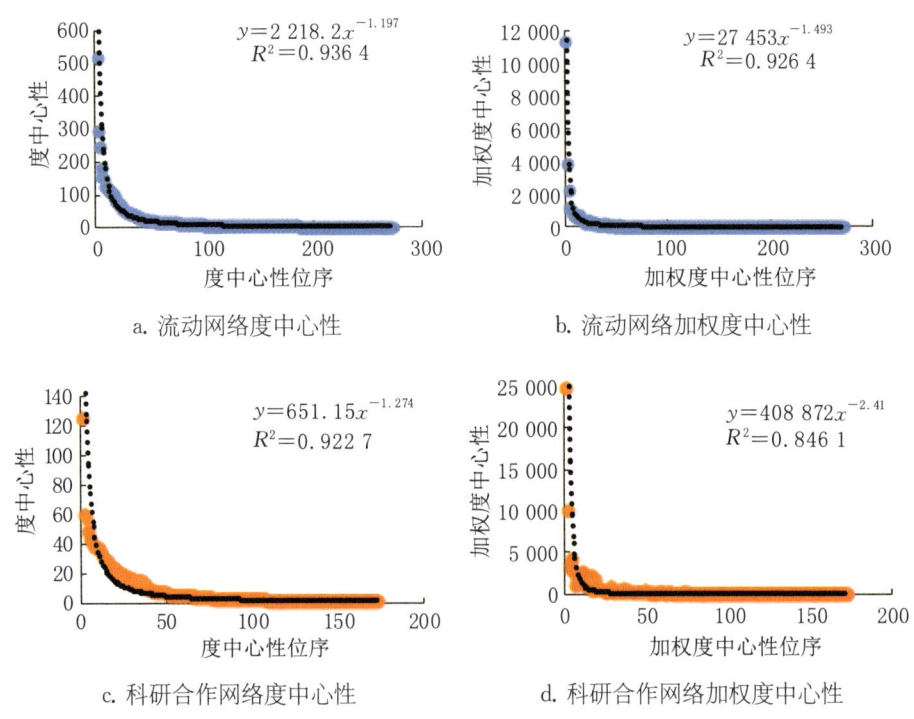

图 7-1 中国院士流动网络和科研合作网络节点位序-规模分布曲线图

中国院士流动网络和中国院士科研合作网络节点位序-规模分布曲线证明了两个网络都呈现出明显的无标度性规律,进一步说明两个网络中只有少数的城市扮演着重要的角色,而大多数的城市充当着陪衬的作用。中国院士流动网络和中国院士科研合作网络节点的度中心性以及加权度中心性的位序-规模分布曲线都呈现出明显的"长尾特征",即幂律分布。中国院士流动网络和中国院士科研合作网络节点位序-规模拟合优度均很高,中国院士流动网络度中心性为 0.936 4,加权度中心为 0.926 4;中国院士科研合作网络度中心性为 0.922 7,加权度中心为 0.846 1,表明两个网络的节点城市均呈现出明显的等级层次结构,"金字塔"结构明显,不同城市在网络中的作用差异较大。从两个网络的度中心性规模的变化幅度 q 值来看，q 值都大于 1，说明科学家流动和科学家合作联系的城市都比较集中。从两个网络的加权度中心性规模的变化幅度 q 值来看更加明显，q 值都大于 1，说明科学家流动的数量和科学家合作频次高的城市更加集中在少数几个城市（表 7-1）。

表 7-1 中国院士流动网络和科研合作网络位序规模法则拟合参数表

指标	中国院士流动网络		中国院士科研合作网络	
	度中心性	加权度中心性	度中心性	加权度中心性
q	−1.197	−1.493	−1.274	−2.410
a	2 218.2	27 453	651.15	408 872
R^2	0.936 4	0.926 4	0.922 7	0.846 1

第三节 网络双边关联具有耦合性

一、中国院士的空间流动和科研合作集中在东部地区

将中国院士流动网络和科研合作网络中涉及的中国城市分别划分到东部地区、中部地区和西部地区。统计出东、中、西部三大地区之间院士流动网络和科研合作网络的双边关系如表 7-2 所示。

表 7-2 东、中、西部三大地区间院士流动网络和科研合作网络的双边关系统计

类型	流动网络		合作网络	
	数量	占比	数量	占比
东—东	8 939	49.65%	17 072	43.87%
中—中	790	4.39%	601	1.54%
西—西	468	2.60%	1 207	3.10%
东—中	4 414	24.52%	10 601	27.24%
东—西	2 736	15.20%	8 363	21.49%
中—西	657	3.65%	1 074	2.76%
总计	18 004	100.00%	38 918	100.00%

整体来看，中国院士在中国东、中、西三大区域之间的流动趋势与科研合作趋势具有高度的一致性。中国院士流动网络和科研合作网络的联系强度呈现从东到中再到西的阶梯状有序递减的态势，东部地区是中国院士流动和科研合作的主要阵地，且中国院士流动和科研合作主要集中在东部地区内部。中部地区和西部地区的院士流动和科研合作的主要联系对象也是东部地区的城市，中部地区和西部地区内部院士流动的频次和科研合作的频次较低。

二、中国院士的流动和科研合作网络均呈现菱形结构

以中国院士在中国区域内的流动频次和中国院士在城市之间的合作频次为属性值，利用 ArcGIS 10.2 软件绘制出中国院士流动网络与中国院士科研合作网络空间结构图。中国院士流动网络和中国院士科研合作网络和其他学者研究的中国城市网络一样，呈现以北京或天津，上海、南京或杭州，广州或深圳，成都或重庆等城市为顶点的菱形结构[1][2][3][4]，其中，武汉和长沙是整个菱形对角线重要的交点。

三、中国院士的流动和科研合作网络的网络体系一致

利用 Gephi 软件绘制出中国院士流动网络和中国院士科研合作网络的体系结构图（图 7-2）。该方法主要是筛选出每个城市在网络中的优势流，即抽离出每个城市最重要的联系城市。图中的节点大小表示与该城市联系的城市数量，联系的城市越多，节点越大；线的粗细表示流量，即院士流动的频次和院士之间合作的频次。

---

[1] 鲍超，陈小杰. 中国城市体系的空间格局研究评述与展望 [J]. 地理科学进展，2014，33 (10)：1300-1311.
[2] 管明明. 中国城市航空与创新网络的空间演化与耦合效应研究 [D]. 华东师范大学，2019.
[3] 潘峰华，方成，李仙德. 中国城市网络研究评述与展望 [J]. 地理科学，2019，39 (7)：1093-1101.
[4] 周灿，曾刚，曹贤忠. 中国城市创新网络结构与创新能力研究 [J]. 地理研究，2017，36 (7)：1297-1308.

第七章 中国院士流动与科研合作的空间关系

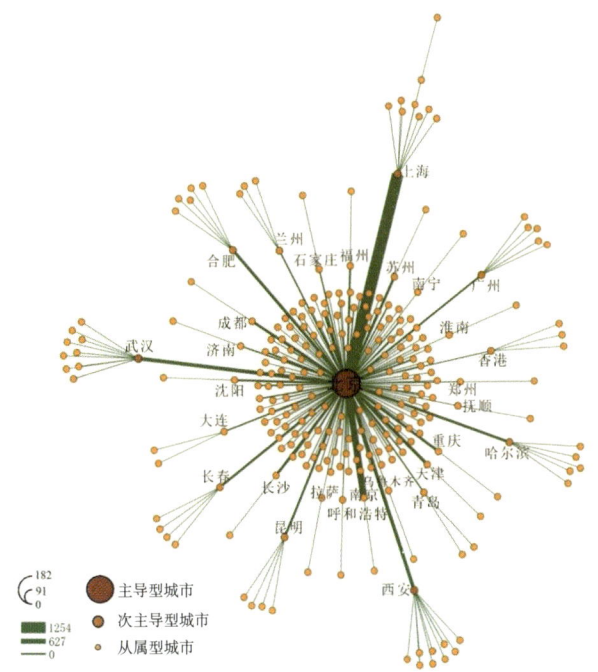

a. 中国院士流动网络

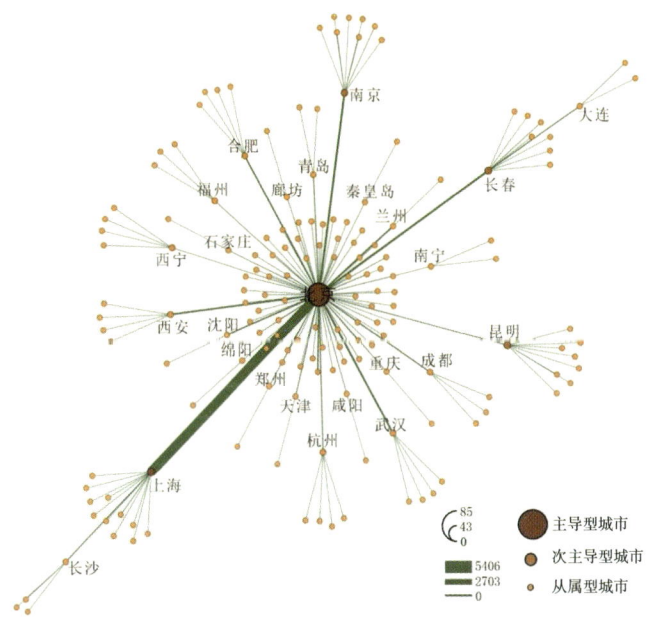

b. 中国院士科研合作网络

图 7-2　中国院士流动网络和科研合作网络的联系体系

整体来看，中国院士流动网络和中国院士科研合作网络的体系结构都是一个紧凑的全局连通网络。北京是这两个网络唯一的主导型城市，南京、成都、福州、合肥、昆明、兰州、青岛、上海、沈阳、石家庄、天津、武汉、西安、长春、郑州、重庆、南宁等17个城市既是中国院士流动网络也是中国院士科研合作网络体系结构的次主导型城市，这进一步说明两个网络存在较强的空间耦合性。

中国院士流动网络中各城市间最大的院士流动量构成了整个网络的骨架，从图7-1a可以清晰地看出各城市在中国院士流动网络中所处的位置。中国院士流动网络是一个全连通网络，其中北京是唯一的主导型节点，是182个城市的首位联系城市。上海、苏州、南宁、广州、淮南、香港、郑州、抚顺、哈尔滨、重庆、天津、青岛、乌鲁木齐、西安、南京、呼和浩特、拉萨、昆明、长沙、长春、大连、沈阳、武汉、济南、成都、合肥、兰州、石家庄、福州等29个城市是中国院士流动网络的次主导型城市。次主导型城市和主导型城市之间有院士的频繁流动，同时作为区域内的中心城市也是从属型城市最大的院士流动对象。总之，中国院士流动网络是一个以北京为单一主导型节点紧凑的等级鲜明的网络。

中国院士科研合作网络的联系结构同样是一个全连通网络，北京同样是这个网络中唯一的主导型城市，北京是82个城市的首要科研合作城市（图7-1b）。上海、绵阳、沈阳、西安、西宁、石家庄、福州、合肥、廊坊、青岛、南京、秦皇岛、兰州、长春、南宁、昆明、成都、重庆、武汉、咸阳、杭州、天津、郑州等23个城市是中国院士科研合作网络的次主导型城市。次主导型城市和主导型城市之间具有大量的院士科研合作，同时作为区域内的中心城市也是从属型城市最大的科研合作伙伴。总之，与中国院士流动网络一样，中国院士科研合作网络也是一个以北京为单一主导型城市、紧凑的、等级鲜明的网络。

四、两个网络双边关系具有幂律分布规律呈"金字塔"结构

以中国院士流动网络和中国院士科研合作网络的双边关系为度量值，采用

城市位序规模法则分别对中国院士流动网络和中国院士科研合作网络双边关系进行统计分析（图7-3）。

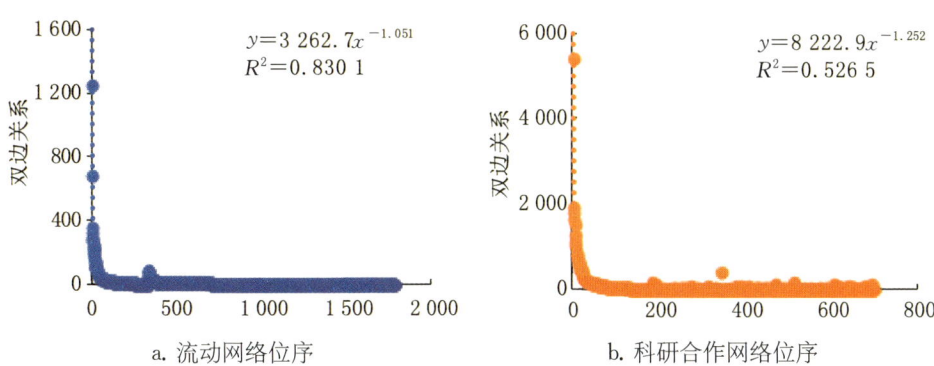

a. 流动网络位序　　　　　　b. 科研合作网络位序

图7-3　中国院士流动网络和科研合作网络双边关系位序-规模分布曲线图

中国院士流动网络和中国院士科研合作网络双边关系位序-规模分布曲线证明了两个网络的关系都呈现出明显的无标度性规律，说明两个网络中只有少数城市联系在网络中扮演着重要的角色，而大多数的城市联系充当着陪衬的作用。中国院士流动网络和中国院士科研合作网络节点的双边关系位序-规模分布曲线都呈现出明显的"长尾特征"，即幂律分布特征。中国院士流动网络和中国院士科研合作网络节点位序-规模拟合优度均较高，分别为0.830 1和0.526 5。进一步表明两个网络的城市联系均呈现出明显的等级层次结构，"金字塔"结构明显，不同城市的联系在网络中的作用差异较大，院士流动和院士科研合作频次高的关系集中在个别城市之间。

第四节　院士流动产生的知识流动效应

通过上述分析发现，中国院士流动网络的节点和中国院士科研合作网络的节点具有高度耦合性。同时，中国院士流动网络的双边关系和中国院士科研合作网络的双边关系具有高度耦合性。研究表明中国院士流动网络和科研合作网络具有空间耦合关系。我们假设，高水平科学家的流动可以产生大量的区域知识流动，从而促进科学家流动地之间的科研合作（图7-4）。在空间方面，科学家流动造成的知识流动可能是跨区域的，也可能是区域内的；就时间而言，知识流动可能存在于一定时间范围之内，也可能是连续的；就程度而言，这种知识流动的强度可能取决于所涉领域的科学水平和知识专业化程度、区域的知识吸收能力以及科学家在特定地区停留的时间。本文基于构建的"高端科学家流动对知识流动的作用模型"，总结了中国院士流动对知识流动的四种效应，分别是溢出效应、创造效应、回流效应和随从效应。

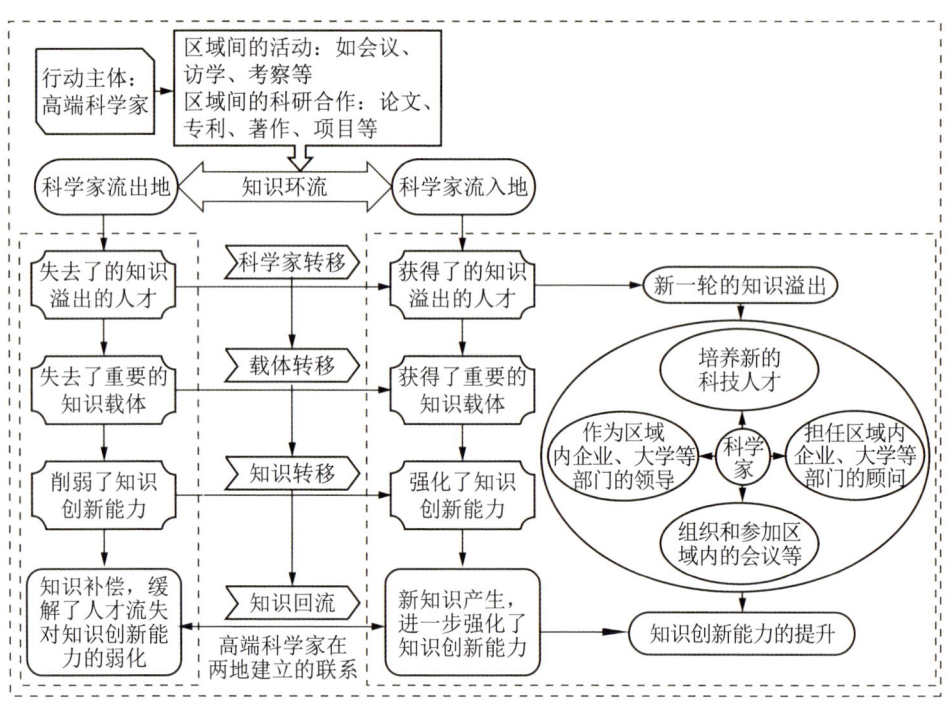

图7-4 高端科学家流动对知识流动的作用机理示意图

一、溢出效应

科学家本身就是知识的载体，其嵌入新的区域，自身的知识就会溢出到迁入地。科学家迁移到新的地区向其他科研人员和组织溢出知识，如果没有书籍等知识载体和现代通信技术的联系，科学家的迁移是当前所在区域内重要的知识溢出源泉。科学家在当前的区域内与其他人员和部门建立起联系，从而促进他们在区域内转让其特有的专业知识。人才培养是科学家流动到区域内重要的知识溢出途径。科学家吸引优秀的年轻人才向其学习，其在科研活动中充当了后续科研人员重要的学习导师，并将已有的知识和经验传授给下一代，造就后续科学精英取得新的科研成果。在区域内师生间的传承关系能加快知识的传播、继承、发扬学术思想，对下一辈科学家的成长具有重要的促进作用。迁移到本区域的科学家培养出新的科技人才，这些新的科技人才如果地域空间不发生变化，就会在当地产生新的知识溢出效应。科学家和区域内大学、企业、机构等部门内人员的正式或非正式的合作是科学家知识溢出的另一种途径，科学家与他人的科研合作过程中会把自身的专业知识流动到合作者当中。此外，科学家的科学成果的商业化，如出售专利，是知识溢出和知识应用的直接方式。同时，科学家成为所在区域公司、大学和学术团体的领导者或者是学术顾问，这将科学家有效地嵌入地区的知识溢出系统中。

二、创造效应

科学家已掌握的知识与迁入地科研人员的知识产生碰撞，会使他们的知识进行融合、重组，在这一过程中产生新的知识。现代科学技术在持续分化的同时，越来越趋向交叉融合，许多课题需要多学科的联合研究才能取得原创性的成果与突破性的进展。高端科学家虽然具有广博的知识和精深的专业技能，但是科学家个体在学科上也有局限性。通过科学家流动，流动的科学家嵌入新的地域单元中，接触到了新的研究人员和新的研究组织，会与新地域的人员和组织间进行知识交换、知识组合和知识融合。在这一系列复杂的过程中，科学家以自己的专业知识为扭结，将相邻或相关学科的理论和方法移植和应用到自己的知识体系中，这就会产生新的科学发现或新的技术发明。

三、回流效应

科学家的流动，使科学家迁入新区域后与迁出地的人员保持着特定的联系，这种联系使得科学家当前所处地域的知识"反哺"科学家的迁出地，形成科学家流动对知识的回流效应。科学家在流动过程中建立的联系主要是科学家在出生地、教育地和工作地之间的同乡关系、师生关系、同门关系和同事关系。科学家流入新的区域和新区域内的科研人才建立了新的联系，但是他们依然和迁出地之间保持着特有的联系。科学家和迁出地的人员共同撰写论文、申请专利、完成项目、出版著作等形式可以促进科学家当前所在地的知识流动到迁出地。此外，科学家与流出地区的科研机构、大学和企业等部门保持着联系，这种联系会促进科学家现在区域和原区域之间的正式或非正式的交流，这样知识就会通过人才流入地返回到人才流出地，知识就会在区域之间形成回流。

四、随从效应

科学家的成长路径是科技人员成功的典范，许多后继学者会跟随或者模仿前人成长的路径，其他科学家或者学者跟随前人的迁移路径从一个地区流动到另一个地区，从而产生新一轮的知识流动。已有研究发现，中国院士在各成长阶段的空间分布集聚特征明显，同时各历史时期的科学家的空间分布具有同位性，中国院士个体的移动路径具有相似性。[①]这些空间现象共同说明后续的科学家随从了前人的空间路径，后来学者前往已成功科学家的大学就读深造，到成功科学家的单位工作，这反映到地域单元上就是科学家流入地和流出地之间新一轮的知识溢出效应。

第五节 本章小结

本章基于城市尺度下中国院士流动和科研合作数据构建出的中国院士流动网络和科研合作网络，通过空间分析、复杂网络分析和回归分析等方法，发现

---

① 张敏，陈万明，刘晓杨. 人才聚集效应关键成功要素及影响机理分析 [J]. 科技管理研究，2009, 29 (8)：494 - 497.

两个网络的节点和双边关系的空间耦合性特征明显，说明了科学家的空间流动可以促进区域间的科研合作。科学家流动产生的知识流动对区域具有深远影响。基于构建的"科学家流动对知识流动的作用模型"，总结了中国院士流动对知识流动产生的四种效应，分别是溢出效应、创造效应、回流效应和随从效应。溢出效应：科学家本身就是知识的载体，其嵌入新的区域，自身的知识会溢出到迁入地；创造效应：科学家已掌握的知识与迁入地科研人员的知识产生碰撞，会使他们的知识进行融合、重组，在这个过程中产生新的知识；回流效应：由于科学家的流动，科学家与迁出地和迁入地的人员保持着特定的联系，这种联系使得科学家当前所处地域的知识"反哺"科学家的迁出地，形成科学家流动对知识的回流效应；随从效应：许多后来学者会跟随或者模仿前人成长的路径，其他科学家或者学者跟随前人的迁移路径从一个地区流动到另一个地区，从而产生新一轮的知识流动。

第八章 研究结论与展望

Chapter 08

第一节 主要研究结论

　　知识经济时代，高端创新资源流动的速度、范围和强度空前，科技创新成为当今世界的主流，人才流动和知识流动的研究成为前沿和热点。本研究选取两院院士的典型案例，采取空间分析、复杂网络分析和空间计量分析等方法，揭示了中国院士的空间分布格局、空间流动特征及其知识流动效应。本章基于上文的研究总结了几点主要的研究结论，从理论层面和实证层面归纳了可能的创新之处，并提出对应的政策启示。最后，指出论文存在的不足之处，并展望未来对中国院士流动和知识流动的主题研究。

一、中国院士主要分布在东部沿海地区

　　从中国院士整体空间分布特征来看，中国院士的成长空间不断趋向集聚。出生地高度集中于东部沿海及长江流域，长江三角洲地区尤为突出；本科毕业地与国内高等教育资源地高度耦合，高校集中城市突出；最高学位获得地更加集中于中国和

世界高水平教育资源集聚的城市；初次工作地、当前工作地、院士获得地在空间格局上存在高度一致性，主要分布在国内经济发达城市。从中国院士不同时期空间分布特征来看，中国院士的出生地和教育地在历史阶段变化较大，工作地的变动较小。中国院士的出生地从东部沿海向中部内陆扩散；本科学习地由零散的几个省会城市向其他地级市逐渐扩散，其城市涵盖的范围逐渐扩大；最高学位获得地在初期主要集中在海外，其逐渐从海外城市转向国内城市；院士的主要工作地从北京、上海等一线大城市向其他地级市扩散。从中国院士空间分布的影响因素来看，经济水平的高低是中国院士空间分布的基础影响因素，经济发达的地区为中国院士的成长提供了必要的经济基础；教育水平是中国院士空间分布的决定性因素，教育水平较高的区域有利于院士的成长、培养和发展；公共服务条件是影响中国院士空间分布的重要因素，优良的公共服务有助于培养科学家，同时健全优质的社会服务也利于吸引科学家前来就业；区域环境是影响中国院士工作地分布的重要因素，优美清洁的环境是科学家选择工作地考虑的重要因素之一。

二、中国院士流动空间异质性特征显著

从中国院士流动网络的空间异质性特征来看，各节点度中心性、加权度中心性和介数中心性只有北京等少数城市较大，符合帕累托法则；网络等级层次呈"金字塔"形，核心-边缘结构突出，北京、上海和南京以绝对优势位于中国院士流动网络的核心区，而绝大多数城市位于网络的半边缘地带或边缘地带；在院士流动网络中城市角色差异显著，只有北京兼具双重角色，其他城市都扮演单一角色。伴随科学家的成长，满足其发展要求的城市越来越少，高端人才在空间上表现为高度集聚的态势。驱动机制上，中国院士流动网络在国家、区域和个人尺度上受个体特质、区域经济水平、区域教育水平和政策导向的影响。个体特质是推动中国院士流动网络演化的内驱力，区域经济水平和教育水平是整个网络演变的外驱力，国际环境和国家政策则是科学家空间迁移的外生变量。各驱动力是相互影响、密切联系的，中国院士流动网络是各驱动力

综合作用的结果。

三、中国院士科研合作有空间非均衡性

中国院士科研合作网络呈现以北京为顶点的多三角形骨架结构，北京在整个网络中处于绝对的核心位置。网络等级层次结构明显，北京和上海位于中国院士科研合作网络的核心区；长春、南京、武汉、西安、广州、兰州、大连、合肥等16个城市位于中国院士科研合作网络的半边缘地带；其余城市位于中国院士科研合作网络的边缘地带。中国院士科研合作具有明显的空间非均衡性，京津冀、长三角、辽中南是中国院士科研活动的热点区域。度中心性高值区主要分布在中国中东部的省会城市和直辖市；加权中心性高值集中在个别城市，北京、上海"两极"格局明显；介数中心性高值空间分布分散，呈现为"一超多强"的空间格局。负二项式回归模型对中国院士科研合作的邻近性机制具有很好的解释力。地理邻近性对科学家科研合作在具体条件下起正向作用。在所有邻近性作用下，地理邻近性才对科学家科研合作产生正面的影响。教育邻近性是中国院士科研合作首要考虑的因素，两个城市之间的教育水平越接近，科学家越趋向于合作。经济邻近性和社会邻近性对科学家科研合作影响显著为正。制度邻近性对科学家科研合作的影响系数为负且显著，表明科学家科研合作更加趋向于在不同制度类型的城市之间展开。

四、人才流动促进区域之间的知识流动

中国院士流动网络和科研合作网络在空间上具有高度的耦合性。中国院士流动网络的节点和中国院士科研合作网络的节点存在空间同位性关系。核密度分析方法显示，两个网络的度中心性、加权度中心性和介数中心性的空间热点高度重合，其热点区域主要集中在京津冀、长江三角洲和珠江三角洲等东部沿海地区；中国院士流动网络和科研合作网络具有幂律分布规律，均呈现"金字塔"结构，不同城市在两个网络中扮演的角色存在巨大差异，院士流动的数量和院士合作频次较高的地点集中在个别城市；两个网络均发育为明显的核心-边缘结构，两个网络各圈层的城市具有高度重叠性，北京和上海既是中国院士

流动网络的核心城市,也是中国院士科研合作网络的核心城市,科学家流动频繁的城市同样是科学家科研合作频繁的城市,这些城市间知识溢出的效率较高。

中国院士流动网络的双边关系和中国院士科研合作网络的双边关系存在空间同位性关系。Spearman 相关系数检验显示中国院士流动网络和科研合作网络的双边关系为显著的正相关,两个网络节点的度中心性、加权度中心性和介数中心性都存在着明显的正相关性,说明城市间科学家流动的频次和科学家科研合作的数量具有显著的正相关性。两个网络的体系结构都是一个紧凑的全局连通网络,北京是两个网络唯一的主导型节点。两个网络在空间结构形态下呈现为菱形结构,中国院士在东、中、西三大区域之间的流动和科研合作趋势具有高度的一致性。

科学家流动产生的知识流动对区域具有深远影响,中国院士流动可以促进区域间的科研合作、知识溢出。科学家在区域间具有高度的流动性,它们的流动涉及学术知识和专业知识的大量转移。中国院士流动对知识流动具有四种效应,分别是溢出效应、创造效应、回流效应和随从效应。科学家作为知识的载体,其嵌入新的区域后自身的知识会溢出到迁入地,产生知识溢出效应;科学家已掌握的知识与迁入地科研人员的知识产生碰撞,会使他们的知识进行融合、重组,在这个过程中产生新的知识,产生知识创造效应;由于科学家的流动,迁入地的科学家与迁出地的人员保持着特定的联系,这种联系使得科学家当前所处地域的知识"反哺"科学家的迁出地,形成知识的回流效应;后来学者会跟随或者模仿前人成长的路径,其他科学家或者学者跟随前人的迁移路径从一个地区流动到另一个地区,从而产生新一轮的知识流动,即随从效应。

第二节 可能的创新之处

人才流动和知识流动成为当今研究的热点和前沿话题,现有文献关于人才流动产生知识流动等空间效应的研究较少，本研究的结论具有一定的理论贡献和学术价值。

一、理论层面

本研究丰富了人才学和创新地理学的相关理论，如人才成长理论、人才流动理论、区域创新理论等。人才的成长理论方面，本文认为人才可以划分为不同的成长阶段，其在不同成长阶段对地理空间的需求有很大差别。中国院士在个体不同的成长阶段的空间分布具有差异性，其成长空间不断趋向集聚。出生地高度集中于东部沿海及长江流域，长江三角洲地区尤为突出；本科毕业地与国内高等教育资源地高度耦合，高校集中城市突出；最高学位获得地更加集中于中国和世界高水平教育资源集聚的城市；初次工作地、当前工作地、院士获得地在空间格局上存在高度一致性，主要分布在国内经济发达城市。与科学家成长路径对应的奠基型、教育型、深造型、初创型、成就型、稳定型的城市数量出现了递减的趋势，说明伴随科学家的成长，科学家对城市的选择性越来越强，对城市发展的要求越来越严格，仅部分城市能满足科学家的成长要求，也反映出高端人才在空间上高度集聚的态势。

人才的空间流动理论方面，本研究认为高级科技人才的空间流动具有人口流动的共性，但其流动特征具有特殊性。科学家流动是个体因素和外部条件综合作用的结果。不同的驱动力在科学家空间迁移与流动网络演化中呈现非线性的交互作用。个体特质是推动中国院士流动的内驱力，但科学家的个体决策在一定程度上受区域经济水平和教育水平的影响；区域经济水平和教育水平是整个科学家流动的外驱力，这两个外驱动因素会受到国家政策与顶层设计的影响；国际环境和国家政策则是科学家空间迁移的外生变量，一定程度上引导科学家的流动方向。

知识流动理论方面，本研究建构了基于中国院士空间流动和科研合作网络空间耦合关系的知识流动作用模型。该模型认为人才是重要的知识载体，科学家的空间移动可以促进区域之间的科研合作，产生区间大量的知识流动。高端科学家的流动可以引起人才流出地和人才流入地之间多方面的知识联系。从动态的角度来看，科学家的流动带来的知识流动是一个复杂的过程，其迁移可以带来"初始知识流"和"后续知识流"。由于高端科学家的流动而产生的初始的区域间知识溢出效应可以在人才流入地和人才流出地之间形成进一步的知识流动，科学家作为知识的载体，其嵌入新的区域，自身的知识会溢出到迁入地；科学家已掌握的知识与迁入地科研人员的知识产生碰撞，会使他们的知识进行融合、重组，在这个过程中产生新的知识。后续的知识流可以采取不同的形式，由于科学家的流动，科学家与迁入地的人员保持着特定的联系，这种联系使得科学家当前所处地域的知识"反哺"科学家的迁出地，形成科学家流动对知识的回流效应。许多后来学者会跟随或者模仿前人成长的路径，其他科学家或者学者跟随前人的迁移路径从一个地区流动到另一个地区，从而产生新一轮的知识流动。

二、实证层面

现有人才研究的文献较多，本书从研究视角、研究方法、实践指导等方面丰富了人才的相关研究。

研究视角方面。从研究对象来看，在当前中国人才资料不足以及人才概念界定模糊的情况下，本研究以中国科学院和中国工程院院士作为中国院士群体的代表，对当前将大学生、留学生、科研人员等作为人才样本的研究做出了有益补充。从研究尺度来看，现有研究普遍发现人才在国家尺度或省域尺度上存在空间分布的非均衡性，本研究则将中国院士研究的空间视角进一步细化到城市这一地理单元上，发现了中国院士在城市单元上空间分布的不平衡性，刻画了科学家的城市流动网络和中国院士城市的科研合作网络。前人的研究揭示了中国院士主要集聚于北京、上海、江苏等经济发达的省域内，本研究则发现中国院士分布、流动及科研合作等现象其实更加趋于区域内的中心城市，空间作用关系更多地体现在一线大城市与其他城市之间。从驱动机制来看，本研究采用定量分析和定性分析相结合的方法，探究了在城市地域单元下中国院士空间

第八章
研究结论与展望

分布的影响因素、中国院士流动网络的驱动机制和中国院士科研合作的邻近性机制。

研究方法方面。从数据获取方法来看,本研究采用履历分析法识别院士个体的成长路径信息。履历分析法是以个人背景、工作与生活经历等履历为基本数据,对被分析人员的人生信息进行分析评价的方法,是一种研究高端人才简洁高效的分析方法。基于该方法,本书建立了中国院士成长空间数据库,具体包括中国院士出生地、本科毕业地、最高学位获得地、初次工作地、评选院士地、当前工作地数据库。本研究利用数据爬虫技术,获取了相关科技论文数据库中,中国院士发表的论文题名、作者、作者单位、来源、发表时间等信息,建立了院士论文总数据库。空间分析方法方面,在现实地理空间中人才集聚是一个动态非线性的、多要素交互的过程,存在多重复杂的流动现象和迁移特征,单一静态的研究方法无法揭示人才空间过程的全貌,也不能满足复杂多变的现实情况,本书从动态的网络视角对科学家的空间迁移过程及其机理进行更为深入的剖析。本研究采用空间分析、社会网络分析和回归模型等方法探究中国院士的空间迁移规律、科研合作规律,补充和完善了人才空间现象的研究方法。

实践指导方面。研究中国院士的空间分布情况、空间迁移规律和区域间活动的目的是有效地开发人才空间,提高区域科技人才开发的效率。国外已有关于人才空间流动和人才空间集聚丰富的理论和经验,本研究为我国科技人才的培养、科技人才的空间调控、科技人才的空间开发提供了来自中国的经验。中国院士在不同的成长阶段和不同的历史时期表现出不同的空间分异特征,这要求在中国科技人才空间开发的过程中树立时代观,要清晰人才的历史空间布局,在制定人才战略时要重视人才开发历史的连贯性,做到承前启后。中国院士的空间分布具有明显的空间不平衡性,空间流动具有明显的空间异质性,这要求在科技人才开发过程中树立地域的空间观,要体现地域的特色。人才的空间布局符合国家的整体人才战略,同时根据各地区、各城市经济发展水平和教育发展水平因地制宜地制定人才的空间开发战略。人才的空间流动促进区域间的知识流动，这为促进人才在区域间的合理流动提供了有力的理论支撑和实践指导。

第三节 政策启示

一、制定科学的科技人才布局战略

针对当前区域科技竞争和人才争夺战背景下人才空间分布与流动展现出的新趋势与新问题，本研究从国家、城市层面相应提出几点建议。

国家层面。中国院士流动网络中，科学家高度向某些大城市集聚，网络具有明显的"核心-边缘"结构。中国城市之间人才分布的严重非均衡性成为阻碍区域协调发展的重要因素。由此可见，从中央层面对人才分布与流动加以调控是十分必要的。为此，国家应建立跨区域协调机制，优化人才空间布局。首先，在政策层面对人才"荒漠区"给予适当的扶持与倾斜，建立区域人才共享机制。其次，对区域间的高等教育资源予以一定程度的再分配，尤其是向人才流动网络边缘区予以倾斜，优化高等教育资源的空间布局与配置。再次，缩小东西部、大小城市间科学家的收入差距，建立适用于科学家群体的更为灵活多样的薪酬体系。最后，国家应实行更加开放的人才政策，构建吸引人才的良好社会氛围，加大鼓励和资助国内高校与科研院所的师生开展对外学术交流的力度，在防止人才外流的同时，多渠道多举措吸引人才回流。

城市层面。本研究揭示了中国不同层级的城市在科学家流动网络中居于不同的地位，因此各城市应因地制宜制定人才政策。科学家流动网络的核心区应该发挥人才集聚效应，重在用人；而科学家流动网络的边缘地带应重点从经济发展、薪酬待遇、就业创业、公共服务等方面为科学家创造有吸引力的内外部环境，重在引人。具体来看，科学家流动网络的核心城市如北京、上海和南京可充分发挥高级人才资源优势，以人才驱动创新，以创新驱动发展，加快将人才优势转化为提升城市功能的核心竞争力，充分释放人才在引领城市高质量发展中所蕴含的新动能，加快建设全球科技创新中心。而在"人才争夺战"中居于科学家流动网络外围的城市，其经济和教育水平存在天然的劣势，应在借助国家政策支持的同时，充分利用自身特色产业有针对性地引入领军型人才，发挥高端人才的虹吸效应———一个人才的身后，往往跟着整个研究团队。此外，科学家流动网络中的外围城市应以联系核心城市或"中介""桥梁"角色的城市为突破口，提升城市在科学家流动网络中的地位。

二、 促进科技人才的跨区科研合作

在全球化趋势日益明显的今天，不同专业、不同地域的科研合作成为大势所趋，诸多顶尖研究成果均是通过不同科学家的紧密合作而得以完成的。科学研究的合作方式应得到重视，院士的科研合作为我们提供了开展合作研究的典范，科学研究不但需要跨部门、跨学科之间的合作，也应该加强跨城市、跨区域乃至跨国家的科研合作，以此促进本国重大科学研究项目的突破。

国家应建立科学家科研合作的科技资源共享机制，搭建科研合作平台，加强科学家间的信息交流与互访，促成双方乃至多方之间的合作研究。充分发挥北京、上海在高等教育资源集聚、科研基础健全、合作伙伴众多等科研优势，促进两地科学家创造高质量、高水平的科研成果。需重视科研成果转化，将北京和上海打造为具有国际影响力的全球科技创新城市。此外，国家要适当调整经济资源和高等教育资源的空间布局与结构配置，相关政策向中国院士科研合作网络边缘城市倾斜，以此促进边缘城市科研水平的提高并加强与核心城市之间的科研联系。

对处于中国院士科研合作半边缘和边缘地区的城市，应重视加强科研合作的针对性与选择性。各城市应该立足区域资源优势，以特色科研打造科研特色，加强与核心城市之间的合作，提升自身在科学家科研合作中的层级和地位。

三、 把握规律， 促进青年学者的成长

中国院士的空间成长路径为青年学者提供了宝贵的经验。比如很大一部分

科学家在莫斯科、洛杉矶、波士顿、圣彼得堡、伦敦等城市进行深造，这表明与创新资源集中的世界一流大学开展学术交流是中国院士群体成功、成才的重要途径之一。而在国内，北京则成为中国院士群体最重要的成功地，这也从侧面说明北京为中国高教与创新资源最主要的集聚地。虽然中国院士的成功轨迹不能简单复制，但我们仍然可以从中看到中国院士成功的一般规律。笔者在整理资料时阅读了大量中国院士的人物传记，中国院士回报祖国、服务社会和追求科学的精神亦是留给当代青年学者的宝贵精神财富。

青年学者应充分意识到科研合作的重要性，寻求机会到本领域高水平的研究机构中交流学习，改进研究方法并提高自身的科研技能，打造差异化的科研优势，强化与国家高水平科学家之间的科研联系以提高自身科研水平。

第四节 研究不足及展望

一、科技人才的研究样本可进一步扩大

中国院士是一个庞大的群体，其具有不同的统计标准。本研究是基于中国两院院士的个体流动刻画的中国院士流动网络，以及基于两院院士的论文合作数据刻画的中国院士科研合作网络。为了更加全面地刻画其网络，未来可进一步扩大样本量，如国家"万人计划"杰出人才、国家"千人计划"人才、"长江学者奖励计划"人才和"国家杰出青年基金"项目获得者、中国科学院"百人计划"获得者，以及高校、科研院所等机构的科研工作者等。

二、科学家科研合作刻画方式可多样化

院士所发表的论文不仅集中于国内期刊，很多论文还发表于国外期刊上。囿于中文和外文论文数据库中作者信息难以精确匹配，本书只选取了中国期刊全文数据库收集的院士论文合作数据用以探讨中国院士科研合作网络的复杂性，因而忽略了院士群体在国外数据库发表论文的情况。基于此，笔者希望今后建立院士外文论文合作数据库，以期补充和完善当前中国院士科研合作相关

研究的不足。此外,由于中国院士科研合作的形式不仅局限于论文合作,今后还可以借助专利、研究项目和著作等科研成果刻画中国院士科研合作网络,从而在更广泛的意义上对本研究加以补正和深化。

三、 科学家流动空间效应待进一步验证

人才流动可以有效地促进知识的流动。人才流动对知识流动的作用效应是一个多重复杂的过程,本研究证明了中国院士空间流动和中国院士科研合作在空间上具有高度的耦合性,未来可以进一步做以下研究:第一,对以两院院士为代表的中国院士的空间流动效应持续性地做跟踪研究;第二,研究中国院士人才流动促进知识溢出的具体模式和作用途径;第三,增加中国院士空间流动对知识流动作用的个体案例研究;第四,进一步研究中国院士空间分布、空间位移的其他空间效应,如人才培养、产业带动、经济提升等效应。